光と重力　ニュートンとアインシュタインが考えたこと

一般相対性理論とは何か

小山慶太　著

ブルーバックス

カバー装幀／芦澤泰偉・児崎雅淑
カバー絵／牛尾 篤
本文図版・もくじ／朝日メディアインターナショナル

まえがき

「時代、ジャンルにかかわらず、これぞ天才と思われる人物をあげよ」と問われたとき、多くの人の頭に浮かぶのは、ニュートンとアインシュタインではないだろうか。この二人、物理学という特定の領域を超え、人類史に輝く知の巨人の双璧をなす存在といえる。そして、双璧をなす二人にはいくつもの共通点が見られるのである。

まず、気がつくのは、いずれも若くして、孤独な研究環境の中で突然、その天才的な独創性を一気に噴出させたことである。ニュートンが重力の法則、微積分法、二項定理の着想を抱き、光のスペクトル実験をすべて一人で行ったのは、二〇代前半のわずか一～二年の間であった。アインシュタインも特殊相対性理論、光量子仮説、ブラウン運動の理論の論文を二〇代半ばの一年で矢継ぎ早に発表している。

また、これだけの独創性を発揮する背景には、深い思索を長い期間、持続させ、問題を決して投げ出さない、強い意志の力があったことは間違いない。リンゴが落ちるのを見るまでに、ニュートンが重ねた研鑽(けんさん)と努力がどれほどあったかと思う。同じように、アインシュタインは一〇代で閃いた光のパラドックスから一〇年後、特殊相対性理論を生み出し、二〇代後半で浮かんだ自由落下のパラドックスから八年後、一般相対性理論を構築するわけである。二人の天才には、「Never Give Up」の精神が息衝いていた。

さらに、彼らが関心を抱いたテーマについても、顕著な共通性が認められる。それは光と重力である。

ニュートンには重力の理論を盛り込んだ『プリンキピア』という大著があるが、もう一冊『光学』の存在も忘れてはならない。ニュートンの力学が近代物理学の礎となったことは言を俟(ま)たないが、ニュートンの光学研究も科学革命の一翼を担う重要性をもっていた。古代・中世を通じて受け入れられていた光の本性に関する固定観念を、実験によって根底から覆(くつがえ)したのは、ニュートンであったのだから。

一方アインシュタインは、さきほどあげた光量子仮説や、レーザーの原理となった誘導放射の理論などを通して光と深くかかわったことはよく知られているが、それだけではない。光速度不変の原理を基盤としていることからもわかるように、特殊相対性理論こそ光の物理学そのものといえる。そして一般相対性理論は、重力場の扱いにニュートン力学とは異なる新しい視点を導入したものであると同時に、その具体性は光の屈曲という現象で示されている。

ニュートンとアインシュタインの時代の差は約二世紀半になるが、これだけの時間を超越して、二人の天才が光と重力に向き合い続けたという事実が示しているのは、このテーマこそが物理学の枠組みを象（かたど）っているということに他ならない。換言すれば、光と重力をニュートンとアインシュタインがどのように捉えていたかをたどれば、物理学という学問の特徴が炙（あぶ）り出せるといえる。本書のタイトルは、そうした思いを込めてつけたものである。

ところで、もうひとつ、ニュートンとアインシュタインには見落としてはならない共通点がある。自然を統一して眺め、理解しようとする姿勢である。凡人は夜空に浮かぶ月とリンゴの落下を、何の脈絡もない別々の現象だと思う。ところが、ニュートンにはこれが同じに見えたのである。凡人は落下というと、地面へ向けての墜落、衝突をイメージするが、天才は違った。月が地球の周りを、惑星が太陽の周りを回るのも、永遠に落下を続けているからであったのである。そうでなければ、月も惑星も慣性の法則に従い、軌道の接線方向に沿って宇宙の彼方へと飛び去ってしまう。

月は地球の、惑星は太陽の重力に引かれ、それぞれの軌道につなぎとめられながら、永遠の落下という回転を繰り返しているのであり、それは地上における物体の落下と本質的に同じ現象であった。有名なエピソードに伝えられる光景を目にしたとき、ニュートンの目には天体の運動もリンゴが落ちるのも同じに見えたのである。

では、アインシュタインの場合はどうかというと、どのような速度で運動する観測者にも光の速度は常に同じに見えたし、重力場に身を置いたときと加速度運動をする状況がまったく同じに見えたというのが相対性理論の根幹である。ニュートンと同様、アインシュタインも独立と思われていた対象を統一して記述できるという信念を持ちつづけたのである。こうした指向性はいまもなお、物理学のガイドラインとして受け継がれている。というわけで、二人の天才の共通点に光を当てながら、近代物理学の誕生、発展と、そこから脱皮して生まれた現代物理学の今日に至るまでの歩みを、光と重力をキーワードにしてたどってみたいと考えた次第である。

アインシュタインが一般相対性理論を発表してから、ちょうど一〇〇周年に当たる年に上梓される本書が、これからの物理学一〇〇年を展望する、ひとつのきっかけになれば幸いである。

二〇一五年八月

小山慶太

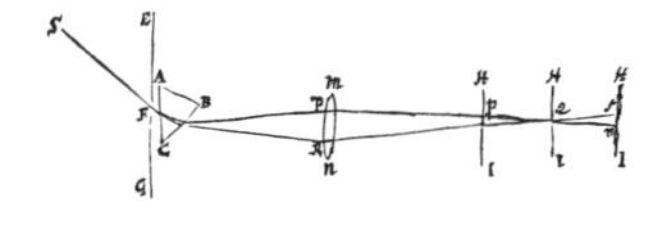

もくじ

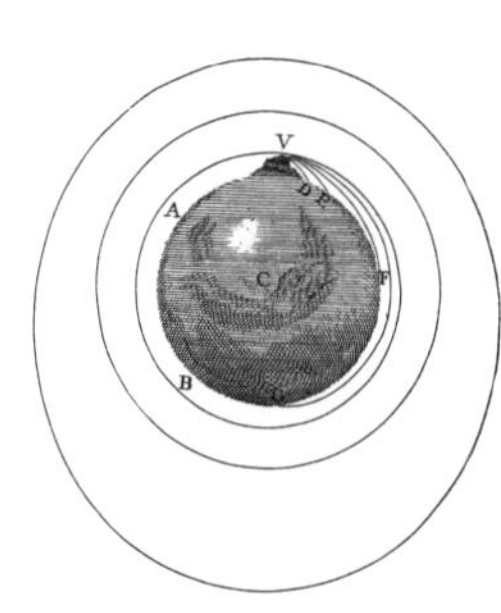

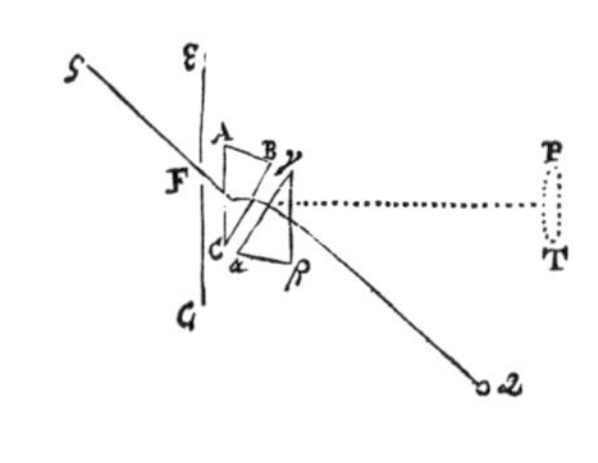

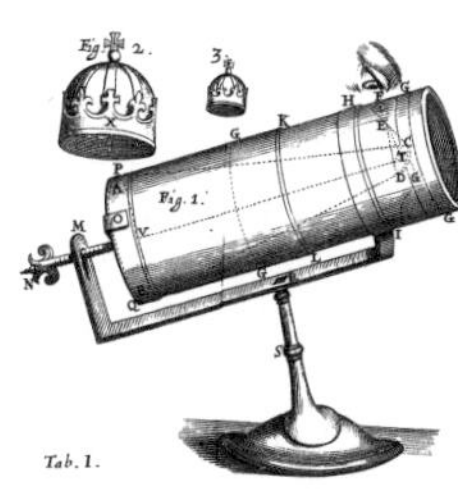

第5章 現代物理学の発展——アインシュタインの遺産 232

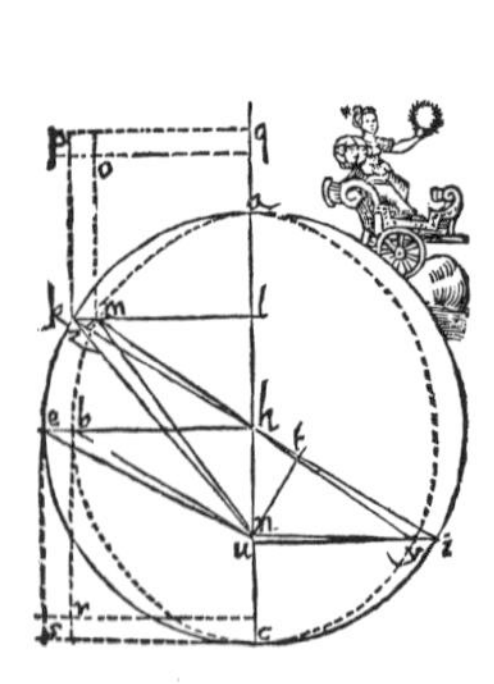

第1章　奇跡の年――天才性の爆発

エリザベス女王の嘆き

一九九二年一一月二四日、イギリスのエリザベス女王即位四〇周年を祝う記念式典がロンドンで行われた。ところが、寿（ことほ）ぎを受けるべきはずの式典でスピーチをした女王は――ユーモアを込め、座を沸かす思いもあったのではあろうが――、「今年はひどい年だった」と語ったのである。いわれてみれば、確かに、この年はイギリス王室にとって、災難つづきの〝厄年〟となった。

というのも、女王の長女アン王女が離婚。次男アンドルー王子とセーラ妃が別居、そしてチャールズ皇太子とダイアナ妃の不仲説がマスコミを賑わした（結局、その後、皇太子も王子も一九九六年に離婚。翌年、ダイアナ妃が不慮の事故で亡くなったことは世間を騒がせ、さまざまな憶測を呼んだ）。さらに、記念式典のわずか四日前にはウィンザー城（ロンドン郊外にある王室の離宮）で火事が発生、宮殿の三分の一が焼失したのであるから、女王が「ひどい年」と嘆きたくなるのも、わからないではない。

ところで、歴史を振り返ってみると、ニュートンがケンブリッジ大学を卒業した一六六五年から翌六六年にかけてのイギリスも、当時の国王（チャールズ二世）がエリザベス女王と同様、いや、もっと深刻に、「今年はひどい年だった」と嘆いたであろう状況のなかにあったことがわかる。一六六五年三月、貿易の権益をめぐってオランダと戦端を開いたイギリスでは、翌年にかけ、ペストが猖獗をきわめていた。そして六六年九月には、ロンドン市中を燃やし尽くす大火が起きたからである。

これら一連の出来事は、後に海軍大臣をつとめ、ロンドン王立協会会長としてニュートンと浅からぬ縁をもつことになるサミュエル・ピープスの有名な「日記」にも、克明に記録されている（ピープスは一六六〇年から六九年にかけ、自分の私生活だけでなく、世相、宮廷や海軍の内幕などにまつわるきわどい内容を暗号化して日記に赤裸々に綴ったのである。暗号は一八二八年に解読されたが、その全容が公開されたのは一九七〇年代に入ってからのことになる）。

一六六五年九月二〇日の日記には、ペストにより阿鼻叫喚の地獄と化したロンドンの惨状が、こう綴られている。

ロンドン塔まで歩いた。だが、主よ、通りはなんとがらんどうで淋しく、かわいそうな病人たちが出歩いているが、皆腫物ができている。歩いている間にもいろいろ悲しい話を耳にした。皆、この人が死んだ、あの人は病気だ、ここでは何人、あそこでは何人、などということばかり取り沙汰している。ウェストミンスターには医師は一人もおらず、たった一人薬屋が残っているだけで、皆死んでしまったということだ。（臼田昭『ピープス氏の秘められた日記』岩波新書）

人気（ひとけ）が絶え、死の街の様相を呈したロンドンの通りを一人、呆然とした思いで彷徨（さまよ）うピープスの姿が目に浮かぶような一文である。

ウェストミンスター地区には医師は一人もいなくなってしまったとピープスは書き留めているが、たとえいたとしても、一七世紀の医学では、ペストに対し有効な治療を施すことはできなかったであろう。せいぜい感染の拡大を防ぐため、大勢の人が密集する状況をつくらず、互いの接触を避けることくらいが関の山であった。

ニュートンの回想

というわけで、一六六五年八月、ニュートンが卒業したケンブリッジのトリニティ・カレッジも閉鎖され、学生たちは疎開を余儀なくされた。そのため、この年、大学を卒業し、引きつづ

図1－1　1721年、ウィリアム・ステュークリが描いたニュートンの生家（William Stukeley, "*Memoirs of Sir Isaac Newton's Life*", 1752）

き、ケンブリッジで学究生活を送るつもりでいたニュートンも故郷のウールスソープ村（イングランド東部のリンカンシァア）の生家に戻ってきたのである（図1－1）。

ペストの蔓延がやや小康状態となった一六六六年三月から六月まで、一時期、ケンブリッジに戻ったものの、ニュートンは結局、この恐ろしい疫病が終息するまでの二年近くを、ウールスソープで過ごすことになる。一般的に考えると、大学が長期にわたって閉鎖されれば、研究環境は整わず、知的営みは停滞しがちになると想像したくなる。

ところが、ニュートンの場合、こうした心配は無用に終わった。ペストが引き起こす世の中の不安と混乱をよそに、図書館も指導者も議論する学友も身近にいない状況で一人、深く静かな思索の世界に沈潜したのである。そして、その間に、後世にニュートンの名を残すことになる主要な業績の基礎を固めてしまった。
ケンブリッジ大学図書館には今日、ニュートンの多くの手稿が収蔵されているが、その中に、ペスト流行から約半世紀後——このとき、天才は七〇代半ばであった——に記された、ニュートンの次のような回想が残されている。少し長くなるが、それはニュートンの生涯の中で、そして物理学の歴史にとって、重要な転換点を示していると思われるので、ここに引用しておこう。

一六六五年の初めに私が見出したのは、級数を近似する方法と、どんな高次のいかなる二項式をもそのような級数に還元するための規則でした。同じ年の五月、グレゴリウスとスリューズの接線決定法を見つけ、一一月には、流率という直接的な方法を手に入れました。翌年の一月に色彩理論を手に入れ、次の五月には、逆流率法への糸口を得ました。そしてこの年私は、重力が月の軌道にまで広がっていると考えるようになり、さらに（中略）ケプラーの法則から、惑星を軌道に留めている力は、回転中心から惑星までの距離の二乗に逆比例していなければならないと推論しました。それによって月をその軌道に留めるのに必要な力と地球の表面における重力とを比較したのですが、それらがかなりよく一致しているとわかりました。これらはみな一六六五年から六六年のペストの二年間のことでした。当時、私は最高の創造期にいましたし、それ以後のどんな時期よりも数学と哲学に専念していたわけです。（リチャード・

S・ウェストフォール『アイザック・ニュートンⅠ』田中一郎、大谷隆昶訳、平凡社。傍点は引用者）

この回想箇所には圧倒される。ペストが流行したのは、ニュートンが二二歳から二三歳にかけてのときであった。その若者がわずか二年足らずの間に、二項定理、流率法と逆流率法（微積分法）、色彩理論（光のスペクトル分析）、ケプラーの法則（惑星の公転運動の規則性）の証明、そしてそこから重力の法則（距離の逆二乗則）を導出するなどの大発見を成し遂げるか、ないしはその糸口を見出したというのであるから、驚きを禁じ得ない。

天才性が一気に噴出した迫力の凄さには、思わず、「ブラボー！」と叫びたくなるほどである。本人が晩年、述懐しているように、この二年はまさしくニュートンの生涯の中で、最高の創造期であったろう。

そう考えると、一六六五～六六年はイギリスにとっては〝ひどい年〟であっても、物理学の観点からすれば、それは〝素晴らしい年〟であったのである。

史実とエピソード

ところで、この最高の創造期にまつわる、よく知られたエピソードがある。そう、「リンゴが落ちるのを見て、ニュートンは重力の法則を発見した」という例の話である。

一般に、こうした歴史のエピソードというのは、事態を面白くして史実を際立たせるため、後世の人間がでっち上げたものが多い。物理学の分野でいえば、ガリレオがピサの斜塔で行ったとされる落体の実験などはその代表であろう。

一七世紀の初めはまだ、重い物体ほど速く落下すると信じられていた（空気抵抗が落下に及ぼす影響が強い条件のもとでは、確かにそうなるのだが）。これに対し、ガリレオはピサの斜塔のてっぺんから、重さの異なる二つの金属球を落っことし、二つが同時に、つまり同じ速さで着地することを示し、旧説を打破したと伝えられてきた。

このエピソード、話としては実によくできている。まず、舞台がいい。ピサの斜塔は高さ（約五五メートル）にしても、傾斜の具合にしても、物を落とすのには都合がいい。そうした好条件の観光名所で、誰でもすぐできる簡単な実験――というほどでもない行為――により、大勢の人が見守る中、長年の固定観念を一瞬のうちに覆したとなれば、これはもう、大向こうを唸らせること間違いなし。やんや、やんやの喝采を浴びたであろうと想像したくなる。

しかし、こんな話、ガリレオ自身はどこにも語ってはいないし、書き残してもいない。そもそも、ピサの斜塔の上から物を落とせば、落下速度が大きすぎ、二つの球が同時に着地したか否かなど、とても人間の目では確認できない。況（いわ）んや、落下距離と速度の関数関係を測定することは到底不可能といえる。

そこで、実際には、ガリレオはゆるやかな斜面に球をころがして、測定しやすいよう、落下速度を遅くする工夫を施して実験を行っている。また、球と斜面の摩擦を小さく抑えるなどの条件を整え、落体の法則を導き出したのである。この実験はガリレオの『新科学対話』（一六三八年、邦訳は岩波文庫）に詳しく記載されている。イタリアの観光名所は関係なかったのである。

ガリレオの晩年の弟子に、ヴィヴィアーニという人物がいた。ヴィヴィアーニは一六三九年からガリレオが亡くなる一六四二年——因みにこの年、ニュートンが生まれている——まで、ガリレオのもとでその学風の修得につとめたことが知られている。

ガリレオの没後（一六五四年）、ヴィヴィアーニは師の伝記を物するが、その中に、ピサの斜塔の件を織り込んだのである。つまりは、師を思う弟子の創作ということになる。それはガリレオの偉大な業績の歴史的な意義をわかりやすく簡潔に表す内容であることに間違いはないが、実際にガリレオが斜塔の長い階段をえっちらおっちらのぼって、球を落としたわけではなかったのである。

再びニュートンの回想

では、ニュートンのリンゴのエピソードは果たして、どうだったのであろうか。

晩年のニュートンに、ステュークリという若い知人がいた（図1－2。彼が生まれた一六八七年はニュートン力学の礎を築いた大著『プリンキピア』が出版された年に当たる）。ニュートンが会長の職にあったロンドン王立協会の会員で、ニュートンと同郷でもあったことから、二人の親交が深まったようである。

そのステュークリが一七二六年四月一五日、ロンドンのケンジントンにあるニュートンの私邸を訪れ、食事を共にしている（ニュートンは一六九六年、ケンブリッジからロンドンに居を移していた）。その日は天気がよかったので、二人は庭でお茶を飲みながら、おしゃべりをすることにした。庭には、ウールスソープの生家と同様、リンゴの木が何本か植えられていた。

図1－2　ウィリアム・ステュークリ（1687～1765）の1721年の肖像（図1－1の前掲書より）

このとき、木蔭でステュークリと歓談していたニュートンが突然、ふと想い出すかのように、「昔、重力の考えが浮かんだのも、ちょうど今みたいな状況の中であった」と、問わず語りにしゃべり始めたのである（ここでいう昔とは、ペストにより、

situation, as when formerly, the notion of gravitation came into his mind. It was occasion'd by the fall of an apple, as he sat in a contemplative mood. Why should that apple always descend perpendicularly to the ground, thought he to him self. Why should it not go sideways or upwards, but constantly to the earths centre ? Assuredly, the reason is, that the earth draws it. There must be a drawing power in matter : and the sum of the drawing power in the matter of the earth must be in the earths center, not in any side of the earth. Therefore dos this apple fall perpendicularly, or towards the center. If matter thus draws matter, it must be in proportion of its quantity. Therefore the apple draws the earth, as well as the earth draws the apple. That there is a power, like that we here call gravity, which extends its self thro' the universe.

図1－3　ステュークリが記録したニュートンの回想　「重力」、「リンゴの落下」の文字（下線部）が見られる。

一人、ウールスソープで思索に耽(ふけ)っていた六〇年前のことを指している)。

その内容は、一七五二年にステュークリがまとめた『アイザック・ニュートン卿の生涯についての回想録』に記述されている（"*Memoirs of Sir Isaac Newton's Life*" なお、図1－1のステュークリのスケッチは同書に収められたものである)。

それによると、若き日のニュートンが生家のリンゴの木蔭で瞑想に耽っていると、たまたま、リンゴの実が落ち、それを見たニュートンに重力の考えが閃いたというのである。『回想録』をまとめたのがニュートンと親しい王立協会会員であり、ニュートンが語った日付、場所、状況、具体的な内容が明記されていることから、重力とリンゴのエピソードは後世の人間の創作ではなく、本人が本当に話した史実であると解釈して、どうやら間違いないようである（図1－3）。

なお、余談めくが、『回想録』は一七五二年に出来上がったものの、ステュークリの生前には出版されなかった。彼の遺稿がロンドンの出版社（Taylor and Francis）から刊行されるのは、実に二世紀近くを経た一九三六年のことになる。それにもかかわらず、ニュートンのリンゴが早くも有名になったのは、おそらく、ステュークリが書き留めた内容が面白かったため、伝聞を通し広まっていったからであろう。難しい物理学とリンゴという庶民的な果物、そして物が落ちるという日常目にする身近な出来事との意外な組み合わせの妙が、多くの人々の関心を惹いたのだと思う。

リンゴのエピソードの流布

『コンサイス科学年表』（湯浅光朝編著、三省堂）に、近代科学の各分野が西洋から、いつ日本に伝わってきたのかを図示した興味深い表が載っている。それによると、ニュートン力学が我が国に移入されたのは、一七九八年、志筑忠雄がイギリスの物理学、天文学の書物のオランダ語訳を翻訳し、注釈を加えた『暦象新書』を通してとのことである（『プリンキピア』刊行から一世紀余り後になる）。

一方、リンゴのエピソードの伝来がいつであったのか正確な時期は不明であるが、『ニュートンの光と影』（渡辺正雄編著、共立出版）にそのヒントとなる明治初期の版画（芳斎作）が載っている（図1－4）。

そこにある「アイザックニウトン碩学にして誇らず」という言葉はまあいいとしても、碩学の服装と顔つきがなんとも珍妙この上ない。おそらく版画師には、ニュートンについての知識はほとんどなかったからであろう。にもかかわらず、こうした作品が制作された背景には、当時、すでに日本でも、リンゴのエピソードは一人歩きして、広く流布していた様子がうかがえる。

図1－4　明治初期に描かれたニュートンの版画

その浸透ぶりは、一八八八（明治二一）年に出版された中学校の英語の教科書“*New National Fourth Reader*”にも見て取れる。そこには、「Why an Apple Falls」というタイトルの章が設けられ、「ニュートンはリンゴが木から落ちるのを見て、偉大な発見をした」（原文は、“Sir Isaac Newton was led to make a great discovery, by seeing an apple fall from a tree.”）で始まる英文が記載されている。明治時代の中学生も英語の授業を通し、この話を知っていたようである。

孤高の学究

というわけで、一六六五〜六六年は本人の回想どおり、〝最高の創造期〟として捉えてもよいものと思われるが、たまたま、リンゴが落ちるのを目にした偶然だけで、歴史上の大発見が成し遂げられたわけではない。

さきほど引用したニュートンの回想にあるように（ウェストフォール、前掲書）、当時、ニュートンは重力が月まで及んでいると考えるようになっていた。月を軌道に保っているのは、地球の重力ではないかという思いに至ったのである。つまり、地上の物体も天体も等しく、同一の力の作用を受けて運動しているとみなし始めたわけである。ここに初めて、天上界と地上界を峻別し、それぞれが別々の運動法則に従っているとした天動説の誤った固定観念に楔（くさび）が打ち込まれることになる。

おそらく、ペストが襲ってくる前から、すでにケンブリッジにおいて、ニュートンはこうした問題を一人であたためため、その解決に向け、思考を巡らせていたのであろう。ステュークリに語ったようにリンゴの木蔭で瞑想に耽っていたときも、ニュートンの頭の中は、この問題でいっぱいだったはずである。そして、機が熟したとき、リンゴが落ち、それを見たニュートンは天啓に打たれたのである。

「偶然は準備のできていない人は助けない」というパスツール（一九世紀のフランスの科学者）の言葉が伝えられているが、まさしくニュートンには、偶然という幸運が引き金となって発見を成し遂げる準備が整っていたのであろう。決してリンゴが落ちただけで短絡的に、重力の考えに至ったわけではなかった。それは熟思に熟思を重ねた上で、手に入れた成果であった。

ウールスソープ時代に成し遂げたとされる他の業績についても、基本的には似たようなことがいえよう。また、それらが論文や書物にまとめられるまで、その後、一定の時間を要したことを考えると、ペストが沈静化し、ケンブリッジに戻ってからも、ニュートンは各テーマについて考察を深め、論理に磨きをかけていったものと思われる。

つまり、ウールスソープで過ごした二年間だけで、ニュートンが歴史に刻んだ業績がすべて完成してしまったと考えるのは早計であろう（そこまで話を過度に誇張すると、科学史における〝神話〟の創作につながってしまう）。

ではあるが、ペストという不測の災厄が与えた孤独の中の二年間が、ニュートンの精神を研ぎ澄まし、思考のポテンシャルを最高潮にまで持ち上げたことは間違いない。それは静謐（せいひつ）な空気の中で、知の情熱が激しく燃え上がる時期となった。

その結果、天才性が一気に爆発、ニュートンは俗にいう大化（おおば）けしたのである。最高の創造期は大化けの年であった。そして、これを機に、天才は歴史上の人物へと歩み出していくのである。ところで、ウールスソープで引きずっていた孤独の影は、その後も常にニュートンにつきまとっていく。彼はひとつの事に熱中すると、他者と共同作業をしたり、議論を重ねることを厭い、独りの世界に沈潜する傾向が強かった。生涯、孤高の学究でありつづけたのである。

そうした性癖、姿勢を顕著に表している事例のひとつが、ニュートンの業績の中で異端に位置づけられる錬金術の研究である。錬金術というのは、そう、卑金属を化学的な処理によって金に換えるという、あの秘術である。近代物理学の創設者がよりにもよって、錬金術のマニアであった事実は、いまや〝公然の秘密〟となっているが、怪しげな雰囲気に包まれた営みの中にも、孤高の学究の姿が浮かんでくるのである。

それを眺めるために、ここで、ニュートンの秘密が白日のもとに晒されるに至った経緯を簡単に見ておこう。

競売に付されたニュートンの手稿

一九三六年のことである。ロンドンで開かれたサザビーズの競売に、イギリスの貴族ポーツマス伯爵リミントン卿が、家宝として伯爵家に代々、受け継がれてきた秘蔵の品を売りに出した。秘蔵の品とは、膨大な量に及ぶニュートンの手稿であった。

このとき、リミントン卿は相続や離婚に伴う費用の捻出に苦労しており、屋敷と共に家宝の品も手放さざるを得なくなっていたのである。そこで、屋敷の方はともかく、ニュートンの歴史上貴重な資料が散逸するのを心配したケインズ（ケンブリッジ出身の経済学者）がその約半分を落札した（Frank Herrmann, "*Sotheby's*", Chatto & Windus）。

ケインズは金策に困ったリミントン卿の所業を不敬虔（ふけいけん）と憤っているが（まあ、確かにそういえなくもないが）、それによって、ニュートンの知られざる側面に光が当てられたことを考えると、科学史の観点からいえば、卿の所業は学術的な功績、大であった。

さて、落札した手稿の山を読んだケインズは腰を抜かした。そこには、重力のことも微積分のことも、光のスペクトル実験のことも、いっさい書かれていなかった。出てきたものは、あろうことか、なんと六五万語にも及ぶ錬金術のノートだったからである。この驚きを後にケインズは「人間ニュートン」と題する論文の中で、「数学も天文学もニュートンの仕事のほんの一部にすぎず、彼がもっとも興味をもち、熱心に取り組んだのは錬金術であった」と語ったほどである。

ケインズはこの論文を、一九四二年にケンブリッジのトリニティ・カレッジで開催が予定されていた「ニュートン生誕三〇〇年祭」で発表するつもりでいた。ところが、戦争の影響で三〇〇年祭は一九四六年に延期された。そして、この年、ケインズは亡くなったため、論文は弟のジェフリー・ケインズによって代読された。

そこには、次のような衝撃的な内容が綴られていたのである（『ケインズ全集第十巻』大野忠男訳、東洋経済新報社）。

トリニティ・カレッジの礼拝堂近くの庭の端に、木造の小さな二階建ての建物があった。ニュートンはここを錬金術の実験室に使っていたのである。

一六八四年、『プリンキピア』（一六八七年刊行）の準備を進めていたニュートンは、その手伝いとして、親類の青年ハンフリー・ニュートンを雇った（ハンフリーは『プリンキピア』の筆記をつとめ、五年間、ニュートンの身近で過ごすことになる）。

そのハンフリーの証言によると、ニュートンは『プリンキピア』の執筆に取り掛かっていた時期に、春と秋、六週間ずつくらい、木造の建物に籠もり、実験室の火を消すことはほとんどなかったという。しかも、ニュートンはそのことを誰にも一言も伝えず、一人で錬金術に耽溺（たんでき）していたのである。

後世の人間から見れば、『プリンキピア』と錬金術という、どう考えても異質な二つがニュートンの頭の中で同じ時期に混在していたという事実には戸惑いを覚える。その有り様をケインズは、「片足を中世におき、片足は近代科学への途を踏んでいる」と表現している。

しかし、見方を変えれば、対象の如何（いかん）によらず、何かに取り憑（つ）かれたときに発揮されるニュートンの集中力の高さがハンフリーの証言から伝わってくる。

Contents lists available at ScienceDirect

Physics Letters B

www.elsevier.com/locate/physletb

Measurements of Higgs boson production and couplings in diboson final states with the ATLAS detector at the LHC ☆

ATLAS Collaboration *

ARTICLE INFO

Article history:
Received 4 July 2013
Received in revised form 1 August 2013
Accepted 5 August 2013
Available online 13 August 2013
Editor: W.-D. Schlatter

ABSTRACT

Measurements are presented of production properties and couplings of the recently discovered Higgs boson using the decays into boson pairs, $H \to \gamma\gamma$, $H \to ZZ^* \to 4\ell$ and $H \to WW^* \to \ell\nu\ell\nu$. The results are based on the complete *pp* collision data sample recorded by the ATLAS experiment at the CERN Large Hadron Collider at centre-of-mass energies of $\sqrt{s} = 7$ TeV and $\sqrt{s} = 8$ TeV, corresponding to an integrated luminosity of about 25 fb^{-1}. Evidence for Higgs boson production through vector-boson fusion is reported. Results of combined fits probing Higgs boson couplings to fermions and bosons, as well as anomalous contributions to loop-induced production and decay modes, are presented. All measurements are consistent with expectations for the Standard Model Higgs boson.

図1－5　2013年、ヒッグス粒子発見を発表する論文　著者名はATLAS Collaborationとなっており、実験にかかわった3000人を超える研究者の名前は、論文の最後に10ページにわたって記されている。実験に使われた装置の建造費は約4000億円。

ケインズもこう語っている。「ニュートンは一つの問題を数時間も、数日も、数週間も、ついにそれが彼に秘密を打ち明けるまで、心の中に持ち続けることのできる人であった」。そして、「まだ知らない思惟の海をただひとりで航海しながら」と、「人間ニュートン」の中でつけ加えている。『プリンキピア』の執筆も、実験室の火が燃えつづけた日々も、誰にも邪魔されず独りぼっちで思索を好んだニュートンの姿を共通して表すものであった。

翻（ひるがえ）って、現代に目を向けると、物理学の研究規模は巨大化の一途をたどり、ひとつのテーマに携わる人間の数と予算は莫大なものとなっている。必然的に研究は大勢の研究者がいくつものチームを編成し、組織化されて行われるようになってきた（素粒子実験や宇宙の観測などの分野において、とりわけこの傾向が顕著に見られる。図1－5）。こうなると、一人一人の独創性がどうしても相対的に希薄となり、その役割がひとつの歯車のようにならざるを得ない。現代物理学のめざましい進歩にはワクワクさせられるものの、一方において個の存在、貢献という点に注目すると——やむを得ぬことと承知しながらも——少しさびしい気がしないでもない。

それだけに、孤高の思索の中から多くの偉大な業績を生み出したニュートンの生き方には、ある種の郷愁(ノスタルジー)を込めて、魅了される。そこには、個人の独創性を旨とする科学の真髄が刻まれているからである。同様の生き方は、ニュートンから二世紀余の後に登場するアインシュタインについてもいえるのである。

ということで、そろそろ話をアインシュタインに移そうと思うが、その前に、ニュートンの秘密に言及した行き掛かり上、錬金術の手稿がどうしてまた、ポーツマス伯爵家に伝わってきたのかについても、簡単に触れておこう。

ニュートンの美人の姪

ニュートンが一六四二年のクリスマスの日に産声をあげたとき、すでに父親は亡くなっていた。そして、ニュートンが三歳のとき、母親は彼を残し、再婚している。未来の天才は祖母の手で養育されたのである。まだ、母親が恋しいときに置き去りにされた寂しさは、生涯、消えることはなかったであろう。幼くしてニュートンは親のぬくもりを知らぬまま、孤独を知ったのである。

母親はニュートンが一〇歳になったとき、再婚相手を失ったため、息子のもとに戻ってはきたが、三人の異父弟妹が一緒であったため、少年ニュートンの孤独感は癒えることはなかった。

こうしたトラウマがどこまで影響したのかはわからぬが、ニュートンは生涯、独身を貫いたまま、一七二七年、八四歳で亡くなった。孤高の学究は一生を通し、孤独の人でもあった。

それでも、係累とのつながりの薄かったニュートンにとって、一人、愛情を注いだ存在がいた。姪（異父妹ハナ・スミスの娘）のキャサリン・バートンがその人である。

一六九六年、ニュートンは長年住み慣れたケンブリッジを去り、ロンドンに転居した。ケンブリッジの後輩で時の大蔵大臣モンタギューの推輓により、造幣局監事に就任するためである（三年後、長官になる）。そのとき、身のまわりの世話をしてもらうため、美人の誉れ高かった一七歳の姪キャサリンを田舎から呼び寄せた（以降、彼女は結婚後も、ニュートンが亡くなるまで、偉大な伯父に尽くすことになる）。

ニュートンがこの美しい姪をいかに慈しんでいたかを示す手紙が残されている。一七〇〇年八月五日、天然痘にかかり、一時、オックスフォードシアの田舎で静養していたキャサリンに宛て、伯父さんはこう書いている。

親愛なる姪へ

あなたからの二通の手紙、受け取りました。そちらの空気が体に合っているようで喜んでいます。（中略）まだ熱が下がらないようですが、熱がおさまり、天然痘の痕が早く消えることを祈っています。（中略）どうぞ次の手紙で、顔のようすと熱がひいたかどうかを知らせて下さい。搾（しぼ）りたてのあたたかい牛乳を飲むと、熱がおさまるのではないでしょうか。――愛する伯父より

（Augustus De Morgan, "*Newton: His Friend: and His Niece*", Dawsons of Pall Mall）

ニュートンのなんともやさしい伯父さんぶりが伝わってくる。フックやライプニッツ相手に繰り広げた激しい論争、フラムスティード（天文学者）との研究をめぐる根深い確執、そして会長として長年君臨した王立協会でみせた専横ぶりなどからイメージされるニュートンとはまったく異なる、天才の別の素顔が見て取れる。

幸い、やさしい伯父さんの願いどおり、天然痘の痕はきれいに治癒し、キャサリンの輝くほどの美貌はロンドン社交界でも評判になっていった。『ガリヴァー旅行記』の作者スウィフトやフランスの啓蒙思想家ヴォルテールも、キャサリンがいかに魅力的な女性であったかを書き残している。

キャサリンは一七一七年、ジョン・コンデュイットと結婚、夫婦でニュートンと同居し、伯父

の最期（一七二七年）を看取っている。その後、一七四〇年、コンデュイット夫妻の一人娘（彼女もキャサリンという）がジョン・ウォラップ（リミントン子爵）に輿入れし、彼らの息子がポーツマス伯爵となった（De Morgan、前掲書）。

こうした経緯から、錬金術を含むニュートンの膨大な手稿は伯爵家に伝えられ、二〇〇年を経て、ケインズの手に渡ったという次第である。

と、ここまで述べたところで、ニュートンのプロフィールについてはひとまず一区切りとし、次にアインシュタインに目を転じてみよう。すると、二人の天才にはいくつも共通する面が見られることがわかるのである。

アインシュタインの就職活動

一九〇〇年、アインシュタインは二一歳のとき、チューリッヒ工科大学を卒業した。しかし、卒業はしたものの、就職活動にはことごとく失敗してしまった。母校に助手として残り、研究生活をつづけたいと希望していたがそれもかなわず、ヨーロッパの大学の教授たちに就職依頼の手紙を送ったものの、色好い返事は一通も戻ってこなかった。

一九〇一年四月一二日には、オランダのライデン大学教授カマーリング・オンネス（超伝導を発見し、一九一三年ノーベル物理学賞受賞）に宛て、次のような文書を認めている。

尊敬する教授殿

私の友人から、先生の講座で助手のポストが空いていると聞きました。つきましては、そのポストに応募させていただくことをお許し下さい。私は四年間、チューリッヒ工科大学で数学と物理学を修め、特に物理学の方に力を入れてきました。昨年の夏には、学士(ディプローム)の資格を取得しております。もちろん、私の成績証明書を送らせていただくつもりでおります。

併せて、最近、『アナーレン・デル・フィジーク』誌に発表致しました論文をお送りさせていただきます。

敬具――アルベルト・アインシュタイン

（*"The Collected Papers of Albert Einstein"* vol. 1, Princeton University Press）

青年アインシュタインの必死さが伝わってくる手紙である。

同様の目的で、ライプツィッヒ大学教授のオストヴァルト（一九〇九年ノーベル化学賞受賞）にも手紙を出したものの、すべて不首尾に終わった。行き場を見出せなかったアインシュタインは大学卒業後――理由は異なるが――、ニュートンと同様、一人で研究に取り組まざるを得なかったのである。

そういう状況の中、一九〇二年、アインシュタインと工科大学の同級生であったミレヴァ・マ

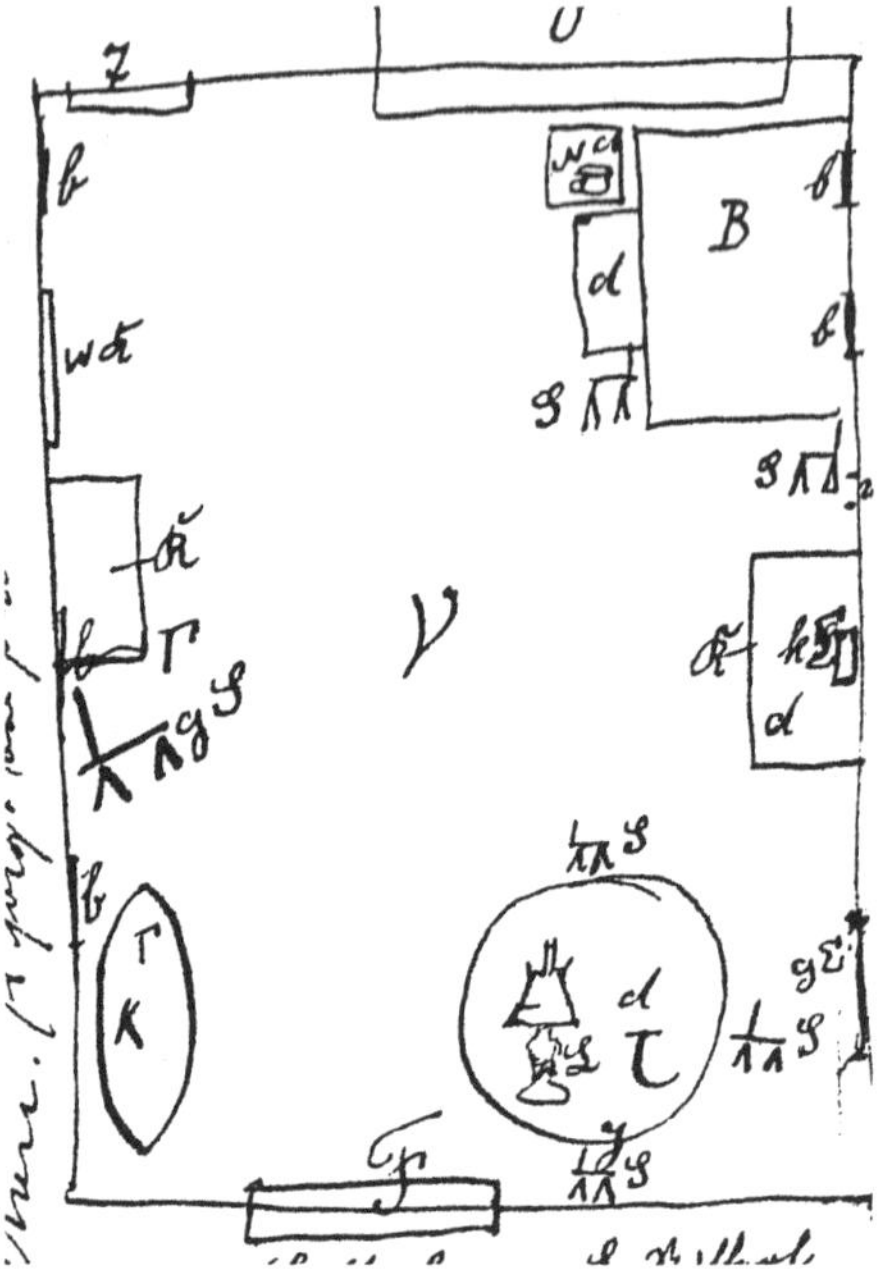

リッチとの間に未婚のまま、娘リーゼルが生まれている（二人は翌年、〝できちゃった婚〟をするが、一九一九年、離婚している）。就職も決まらず、まだ結婚もしていないうちから父親になってしまったのであるから、さあ大変であった。この事実もまた、ニュートンの錬金術と同様、いまでは〝公然の秘密〟となっている。

図1−6　アインシュタインがベルンで借りた部屋の見取り図（『C.P.』vol. 1）

秘密が公にされたのは、一九八七年、さきほど手紙を引用した『アインシュタイン論文集』（〝*The Collected Papers of Albert Einstein*〟以下、『C.P.』と略記する）の刊行が始まったのがきっかけであった。その第一巻に、アインシュタインとミレヴァの往復書簡が多数収められており、それを通して、秘密が明らかにされたのである。

それによると、一九〇二年二月四日、アインシュタインはミレヴァに宛て、親子三人が一緒に暮らせるよう、ベルン（スイス）に部屋を借りた旨を知らせている。手紙の中には、部屋の見取り図のスケッチが載っている（図１－６。見取り図に書き込まれた記号は、家具や窓、ドアの配置を示している）。そして、個人教授をしながら、生活費をかせぐつもりであるという決意が綴られている（しかし、娘はすぐに里子に出されたようであり、その後の消息はいまも杳として知られていない。ここにひとつのミステリーが生まれた）。

この年、アインシュタインは工科大学時代の友人グロスマンの父親の斡旋で、なんとかベルンにあるスイス特許庁の下級官吏の職を得、〝フリーター生活〟から脱却したのである。それでも、職場が物理学とは無縁のところであることに変わりはなく、アインシュタインは孤高の学究生活を相変わらず、送らざるを得なかった。

そうこうするうちに、〝奇跡の年〟一九〇五年が訪れる。ウールスソープの生家で一人、思索に耽っていたニュートンのように、アインシュタインもまた熟思に熟思を重ねた末、天啓に打たれるのである。二六歳のことであった。

表1－1　1905年のアインシュタインの論文

①「光の発生と変換に関する発見法的視点について」（6月）
②「熱の分子運動理論から要求される静止した液体中の懸濁粒子の運動について」（7月）
③「運動物体の電気力学について」（9月）
④「物体の慣性はそのエネルギーに依存するか？」（11月）

（カッコ内は『アナーレン・デル・フィジーク』の掲載月）

“奇跡の年”の論文ラッシュ

この年、アインシュタインは『アナーレン・デル・フィジーク』に歴史に残る大論文を次々と発表している（表1－1）。それぞれの内容については、あらためて第2章以下で取り上げるが、ひとまず簡単に触れておくと、①では光量子仮説により光電効果を説明する理論が提唱されている。この業績でアインシュタインは、一九二一年度のノーベル物理学賞を贈られている（なお、授賞が決定したのは一九二二年である）。

②はブラウン運動（顕微鏡サイズの粒子が液体の中でみせる運動）を理論的に解析した論文で、アヴォガドロ定数（ある一定条件下において物質に含まれる原子、分子の数で、その値は約6×10^{23}）の測定を可能とするものであった。実際、後にフランスのペランがアインシュタインの論文にもとづいて実験を行い、その検証に成功している（ペランはこの業績で一九二六年、ノーベル物理学賞を受けた）。

3. *Zur Elektrodynamik bewegter Körper;*
von A. Einstein.

Daß die Elektrodynamik Maxwells — wie dieselbe gegenwärtig aufgefaßt zu werden pflegt — in ihrer Anwendung auf bewegte Körper zu Asymmetrien führt, welche den Phänomenen nicht anzuhaften scheinen, ist bekannt. Man denke z. B. an die elektrodynamische Wechselwirkung zwischen einem Magneten und einem Leiter. Das beobachtbare Phänomen hängt hier nur ab von der Relativbewegung von Leiter und Magnet, während nach der üblichen Auffassung die beiden Fälle, daß der eine oder der andere dieser Körper der bewegte sei, streng voneinander zu trennen sind. Bewegt sich nämlich der Magnet und ruht der Leiter, so entsteht in der Umgebung des Magneten ein elektrisches Feld von gewissem Energiewerte, welches an den Orten, wo sich Teile des Leiters befinden, einen Strom erzeugt. Ruht aber der Magnet und bewegt sich der Leiter, so entsteht in der Umgebung des Magneten kein elektrisches Feld, dagegen im Leiter eine elektromotorische Kraft, welcher an sich keine Energie entspricht, die aber — Gleichheit der Relativbewegung bei den beiden ins Auge gefaßten Fällen vorausgesetzt — zu elektrischen Strömen von derselben Größe und demselben Verlaufe Veranlassung gibt, wie im ersten Falle die elektrischen Kräfte.

図1－7「運動物体の電気力学について」の書き出し
（『C.P.』vol. 2）

③は言わずと知れた、特殊相対性理論の論文である（図1－7）。「現在の物理学の解釈に従うと、マクスウェルの電気力学を運動物体に適用した場合、ある種の非対称性が生じる」という書き出しで始まるこの論文は、ニュートン力学とその基盤となる絶対時間、絶対空間の概念を根底から覆す激震となった（ここでアインシュタインがいう電気力学とは、電磁気学と同義）。

④は③の続編で、光速 c の二乗を介してエネルギー E と質量 m の等価性を与える有名

な式「$E = mc^2$」が導き出されている（ただし、④ではエネルギーはL、光速はVで表記されている）。

論文③についてアインシュタインは同年五月、ベルンで知り合った親しい友人のハビヒトに宛て、こう書いている。

この論文はまだ草稿の段階ですが、空間と時間に関する学説を修正して、運動物体の電気力学を扱ったものです。ここで論じた純粋に運動学的な箇所は、きっと君の関心をそそるでしょう。（『C.P.』vol. 5）

引用文の前に、アインシュタインは手紙の中で、ブラウン運動が熱の分子運動により説明できるとする②についても触れているが、一番伝えたかったのは③の内容だったのであろう。

空間と時間は、運動を記述する上で基本となる枠組みである。したがって、物理学はそれまで、枠組みの中で生起する現象については論じてきたが、枠組みそのものに疑問を投げ掛けることはなかった。それは所与のものだったからである。

ところが、アインシュタインは空間、時間自体に修正を迫ったのであるから、その革新性がいかに大きいかがわかろうというものである。論文③には参考文献がひとつも掲げられていないことからも、それが裏づけられる。二六歳の若者は未開の荒野に金字塔を打ち立てたのである。

また、$E = mc^2$ の関係式を導き出した論文④についても、一九〇五年の夏、やはりハビヒトに宛てこう書いている。


質量は物体が持っているエネルギーの尺度であり、それは光を通してエネルギーに変換されます。ラジウムにおいて、質量の著しい減少が見られるはずです。こうした考えは面白く、興味深いものですが、そんな話をしたら神に笑われるかもしれないし、ひょっとしたら神は私をたぶらかしているのかもしれません。（『C.P.』vol. 5　ここでのラジウムについての記述は、放射性元素が放射線の形でエネルギーを出していくと、そのぶん、質量が減少するはずという意味である）

アインシュタインは物理学を論ずる際、神を引き合いに出すのが好きである（ハビヒトに宛てた手紙は、若いころから、そうした傾向があったことを物語っている）。そして、大抵の場合、それは自分の考えに対する自信の現れになっている。

化学反応を通して関与した物質の質量が保存されることは、一八世紀後半、フランスのラヴォアジエによって発見された。一方、エネルギーの保存則は一九世紀半ば、熱力学の発展の過程で確立された。こうした別々の流れをたどった質量とエネルギーを、アインシュタインは$E=mc^2$の形で統合してしまったわけであるから、その偉業を逸早く、友人に知ってもらいたかった気持ちもよくわかる。

「神に笑われる、神は私をたぶらかしているのかもしれない」という表現には、結論の新奇さをアピールすると同時に、物理学の常識を覆しかねないことに対する昂揚感も読み取れる。

そう思って、あらためて表1－1を眺めてみると、たった一年間でこれだけの成果を矢継ぎ早に発表した快挙には驚かされる。それはウールスソープにおけるニュートンの最高の創造期と重なって見える。そして、彼らは二人とも二〇代という若さの孤独な研究生活の中で、それぞれの輝きを放ったのである。

アインシュタインの回想

一九四九年、アインシュタインの七〇歳を祝して、P・A・シルプの編による『アルベルト・アインシュタイン　哲学者、科学者として』と題する本が出版された（"*Albert Einstein als Philosoph und Naturforscher*", herausgegeben von Paul A. Schilpp, W. Kohlhammer Verlag 図1－8）。これはドゥ・ブローイ、パウリ、ラウエなどノーベル賞受賞者を含む二五人の著名な物理学者がアインシュタインの業績について寄稿した記念論文集である。

その巻頭には、アインシュタインがドイツ語で書いた「自伝」（Autobiographisches）が収められている（同書の英語版〈Tudor Publishing Co.〉には、シルプが訳した英文とアインシュタインの原文が対訳形式で載っている）。その中に、一六歳のとき、やがて特殊相対性理論に発展することになるパラドックスを思いついたという回想が綴られている。ニュートンがやはり晩年、ウールスソープ時代の創造期を懐かし気に語ったことを彷彿させるような話である。さて、その内容であるが、アインシュタイン少年はこう考えたというのである。

図1－8　「自伝」が収められた記念論文集の編者シルプとプリンストン高等研究所の自室で語り合うアインシュタイン、1947年12月（同書より）

もし光線を真空中の光の速度cで追いかけたとしたら、その場合、光線は静止をした、空間の中で振動する電磁場として捉

Art) zu konstruieren. Wie aber ein solches allgemeines Prinzip finden? Ein solches Prinzip ergab sich nach zehn Jahren Nachdenkens aus einem Paradoxon, auf das ich schon mit 16 Jahren gestoßen bin: Wenn ich einem Lichtstrahl nacheile mit der Geschwindigkeit c (Lichtgeschwindigkeit im Vakuum), so sollte ich einen solchen Lichtstrahl als ruhendes, räumlich oszillatorisches, elektromagnetisches Feld wahrnehmen. So etwas scheint es aber nicht zu geben, weder auf Grund der Erfahrung noch gemäß den Maxwellschen Gleichungen. Intuitiv klar schien es mir von vornherein, daß von einem solchen Beobachter aus beurteilt, alles sich nach denselben Gesetzen abspielen müsse wie für einen relativ zur Erde ruhenden Beobachter. Denn wie sollte der erste Beobachter wissen, bzw. konstatieren können, daß er sich im Zustand rascher, gleichförmiger Bewegung befindet?

Man sieht, daß in diesem Paradoxon der Keim zur speziellen Relativitätstheorie schon enthalten ist. Heute weiß natürlich jeder, daß alle Versuche, dies Paradoxon befriedigend aufzuklären, zum Scheitern verurteilt waren, solange das Axiom des absoluten Charakters der Zeit bzw. der Gleichzeitigkeit unerkannt im Unbewußten verankert war. Dies Axiom und seine

図1－9　アインシュタインの「自伝」で16歳のときパラドックスが浮かんだことを回想した箇所

えられるはずである。しかし、経験にもとづいても、あるいはマクスウェル方程式に従っても、そうしたことが生じるとは思えなかった。私には初めから、光速で光線を追いかける観測者の立場で眺めても、すべての事象が地球に相対的に静止している観測者と同じ法則に従って生じているに違いないことは、直感的に明らかだったからである。そうでないとしたら、そもそも光速で運動する観測者は一体、どうやって自分が速い一様な運動状態にあることを確認できるのであろうか。

このパラドックスの中に、特殊相対性理論の萌芽がすでに見られるのである（図1－9）。

二人の観測者が同じ方向に、同じ速度で一様に動いていれば、相対速度は0となり、互いに相手は静止して見える。これは平行につづくレールの上を同じスピードで二列の電車が走行しているときなど、日常、我々が普通に経験する現象である。とすれば、光速で光線を追走した場合、同じように前を行く光線は静止して見えるはずということになる。光速の値（秒速約三〇万キロメートル）は車や電車のスピードのおよそ一〇〇〇万倍と桁違いに大きいが、まあ、だからといって、話に本質的な違いが生じるとは普通は考えない。

ところが、アインシュタイン少年はここにパラドックスを見出したのである。

光のパラドックス

前節で引用した「自伝」の中でアインシュタインは、マクスウェル方程式に従えば、光の場合、車や電車で日常経験するような事態は起きないのではないかと考えたと回想している。

光速は電磁場の振る舞いを記述するマクスウェル方程式の帰結として導き出されている。この方程式は力学でいえば、ニュートンの運動方程式に対応する。つまり、光の速度の値は電磁気学の基本法則の中に組み込まれていたのである。

一般的に、物理法則とは観測者の置かれた立場に関係なく、常に同等に成り立つものであり、だからこそ、物理学は普遍性、客観性が担保されているといえる。観測者の立場ごとに法則の中身が変わるとすれば、物理学は根底から瓦解（がかい）してしまう。

こうした観点に立てば、光速で走っている人にとっても地球に相対的に静止している人にとっても、すべての事象が同じ法則に従っているはずであり、そうなると、たとえ光速で走ったところで、前方を行く光はそのまま光速で逃げていくことになる。したがって、光は静止した電磁場としては捉えられないと、アインシュタイン少年は考えたのである。

ここに、力学と電磁気学の齟齬（そご）が生じる。〝奇跡の年〟（一九〇五年）に発表された論文「運動物体の電気力学について」（図1－7）の冒頭で、「ある種の非対称性が生じる」とあったのは、その意味である。

それにしても、当時の物理学者が誰もたどりつかなかった真理の萌芽を、一六歳の少年が一人で考えつづけるうちにつかんだのであるから、驚嘆を禁じ得ない。年齢に関係なく、かくも深い洞察をするのが天才であるといわれれば、それ以上、言葉はないが……。

ここで、アインシュタインが回想したパラドックスを、たとえをあげて考えてみよう。

いま、手にもった鏡を顔の前にかざして、光速で走ったとする（現実に光速で運動はできないが、これはパラドックスを説明する思考実験としてお考えいただくことにする）。このとき、果たして、自分の顔は鏡に映るであろうか（図1－10）。

そもそも、鏡に顔が映っているのが見えるのはなぜであろうか。それは、顔に当たった光が反射されて鏡に届き、そこでもう一度、反射され、目に入るからである。

図1－10　光速で走ったら鏡に自分の顔は映るか？（高畠那生：絵、『決定版　心をそだてる　科学のおはなし人物伝101』小山慶太監修、講談社）

ところが、鏡をもったまま光速で走ると、鏡も光速で移動するので、顔で反射した光はいつまでたっても鏡に届かない。これでは鏡に顔は映らず、のっぺらぼうのままである。でも、これ、どこか変である。

この「変」を、アインシュタインは一時の疑問に終わらせず、一〇年間、忘れることなく熟思しつづけ、ついに特殊相対性理論にたどりつくのである（力学と電磁気学の間に見られる非対称がどのように解決されたかについては、第2章で述べる）。まさに苦節一〇年といえる。

ケインズがさきほど紹介した「人間ニュートン」の中で、こう書いている。

純粋科学的ないしは哲学的な思考を試みたことのある人なら誰でも知っているが、人はある問題をしばらくは心の中に保持して、それを洞察するのに一切の集中力を傾注することができるのであるが、それは次第に薄れてわからなくなり、その眺めているものがただの空白にすぎないことに気が付くのである。（大野忠男訳、前掲書）

ところが、ニュートンは問題を薄れさせることなく、いつまでも心の中に持ちつづけ、空白にはしなかったとケインズは述べている。ケインズの指摘はそのまま、アインシュタインにも当てはまる。

ニュートンとアインシュタインを見ていると、天才の要件には単に類いまれな頭脳だけでなく、もうひとつ、孤独の中に身を置いても決して諦めずに問題を追究しつづける粘り強さが求められることがよくわかる。

再びアインシュタインの回想

ところで、相対性理論の誕生をめぐって、アインシュタインはもうひとつ興味深い回想を残している。しかも、それが語られたのは日本においてであった。

一九二二（大正一一）年一〇月八日、アインシュタインは夫人と共に、日本郵船「北野丸」でフランスのマルセーユを出港、日本に向けて旅立った。改造社（出版社）の招きを受けての訪日である（図1－11）。なお、アインシュタインへのノーベル賞授賞は一一月九日に決定され、その知らせをアインシュタインは「北野丸」の船上で受け取ることになる。

一一月一七日、神戸に到着した夫妻はその後、約四〇日をかけて、東京、仙台、名古屋、京都、大阪、神戸、福岡をまわり、一二月二九日、門司から「榛名丸」で離日、帰国の途についた（このスケジュールからわかるように、アインシュタインは一二月一〇日、ストックホルムで行われたノーベル賞の授賞式には出席できなかった）。

図1－11　「北野丸」船上でのアインシュタイン夫妻（アンドルー・ロビンソン編著『図説アインシュタイン大全』小山慶太監訳、寺町朋子訳、東洋書林）

滞日中、アインシュタインは各地で講演を精力的にこなし、訪れる先々で熱烈な歓迎を受けている（図1－12）。その際、随行し、通訳をつとめたのが物理学者の石原純、密着取材をし、アインシュタインの日々の様子をユーモラスな絵と洒脱な文章で報じたのが漫画家の岡本

図1－12　1922年11月29日、早稲田大学を訪れたアインシュタイン夫妻　世紀の天才を一目見ようと大勢の学生が出迎えた（早稲田大学大学史資料センター）。

一平である。二人の手になるアインシュタインの滞日記録は、『アインシュタイン講演録』（東京図書）としてまとめられた。

その中に収められた京都大学での講演「いかにして私は相対性理論を創ったか」において、アインシュタインは次のような回想を披瀝（ひれき）している。

一九〇七年（〝奇跡の年〟の二年後）、アインシュタインは職場で突然――このとき、天才はまだ、ベルンの特許庁の下級官吏であった――、重力に身をまかせたまま自由落下をしていく人は、自分の体重を感じないのではないかという考えが思い浮かんだというのである。たとえば、エレベータの中で体重計にのったとする。このとき、エレベータのワイヤーが切れて、自由落下を始めると、体重計の針は0を指す、つまり、その人の重さは消えてしまうわけである。

もうだいぶ以前の話になるが、テレビの教養番組でこれと関連する実験を行い、その解説を行ったことがある（「紺野美沙子の科学館」テレビ朝日、一九八六年一二月二七日放送）。

実際にワイヤーを切ったら大事故となるので、その代わりとして、高層ビルの最上階からノンストップでエレベータを降下させ、その中に人がのった体重計をセットした。こうすると、加速しながら降下するにつれ、体重計の目盛りは減少していくのである。体重が軽くなるのである（正確にいうと、重力質量が減少していく。ただし、慣性質量は影響を受けないので、念を押すまでもないが、こうしたからといって、ダイエット効果はまったくない。なお、二つの質量については、第3章であらためて触れる）。

エレベータ内の階を示す表示盤の移り変わりと体重計の目盛りの変化を連動させて映すと、その有り様がよく実感できた。テレビの収録をしながら、きっとアインシュタインもこんな場面を思い描いたのだろうなと、ふと考えた思い出がある。

つまり、一般に物体が加速度運動すると、それと反対の方向に力が発生することになる。自由落下の場合は、地球の重力を打ち消す上向きの力が生じ、重さを感じなくなるということになる。

ベルンの特許庁でこうした情景を思い浮かべてから八年後の一九一五年、アインシュタインは一般相対性理論を構築するに至る(これについても、第3章でまとめて論ずる)。このときも、天才は閃いた情景を薄れさせ空白にすることなく、粘り強く着想をあたため、大理論へと孵化させたのである。

物理学の〝ソリスト〟

二〇世紀に入ってから、ニュートン力学とマクスウェルの電磁気学の範疇には収まりきらない対象を記述するため、あらたに打ち立てられた理論体系が量子力学と相対性理論であることは、よく知られている。

このうち、量子力学は何人もの物理学者の手を借りた共同作業により(光量子仮説を提唱したアインシュタインもその一人)、少しずつ手を加えられ、修正を重ねられながら形を成していった。

これに対し、相対性理論はというと、ほとんどアインシュタイン一人によって組み立てられたといっても過言ではない(ドイツのプランクやラウエなど、その普及、解説につとめてくれた人はいたが)。しかも、一九〇五年の特殊相対性理論も一九一五年の一般相対性理論も、初めから、ほぼ完成品の形で発表されている。その後の相対性理論の影響力と適用範囲の広がりを考えると、それがすべて一人の人間によって創り出されたという事実は驚異という他はない。そこに、天才の孤高な学究としての際立ったスケールの大きさが見て取れる。

アインシュタインは六歳で手にしたヴァイオリンの演奏を、生涯楽しんだことが知られている（図1－13）。晩年には、ピアノもよく弾いていた。「物理学者にならなければ、音楽家になっていたでしょう」という言葉を残したほどである。

図1－13　ヴァイオリンを奏でるアインシュタイン（A・ロビンソン、前掲書より）

こよなく音楽を愛したアインシュタインがもし、その道に進んでいたら——本人は演奏の腕前について謙遜（けんそん）していたようであるが——、すぐれた独奏者（ソリスト）になっていたかもしれない。

物理学者としては、彼は間違いなく、〝ソリスト〟であった。生涯を通し、一人で論文を書く傾向が強かったからである。事実、共著論文の数が全体に比べ、きわめて少ない。すぐに思い浮かぶ主要なものといえば、一九三五年、ポドルスキー、ローゼンと『フィジカル・レビュー』に発表した「物理的実在の量子力学的記述は完全と考えられるか?」くらいではないだろうか（これは量子力学特有の確率的解釈をめぐる論争に一石を投じた研究で、三人の頭文字を取り、「EPR論文」と呼ばれている）。

このように、奇跡の年以降も主要論文のほとんどすべてを一人で書き上げてきたアインシュタインの研究スタイルから想像がつくように、天才は自分のもとに多くの俊秀を集め、指導して、いわゆる一大学派を築くということには、まったく関心を示さなかった（この点もニュートンと共通するところがある）。

アインシュタインと同時代に活躍した大物理学者の一人に、イギリス（出身はニュージーランド）のラザフォードがいる。ケンブリッジのキャヴェンディッシュ研究所長をつとめた実験物理学者で、原子核物理学の創始者である。そのラザフォードは自身が一九〇八年に「元素の崩壊と放射性物質の研究」でノーベル化学賞（物理学賞ではなく）を受賞しただけでなく、門下生からも、物理学賞と化学賞を合わせ、実に一一人ものノーベル賞科学者を輩出している。彼は威風堂々、絢爛たる一大学派を築いたのである。

こうしたラザフォードのような人物と比べると、アインシュタインの生き方は対照的であり、そのぶん、あらためて、孤高の学究として生涯を全うした天才の姿が浮かんでくる。

しかし、たとえ直弟子はいなくても、アインシュタインの業績が引き金となって、今日まで数多くのノーベル賞受賞者が誕生しつづけている（これについては第5章で詳述するが、さきほど名前をあげたペランはその好例である）。その意味で、アインシュタインは時代を超え、何人もの間接的な〝門下生〟を育てたといえる。

アインシュタインは物理学者としては孤独な一生を送ったとしても、その業績は歴史の中で、彼の存在を決して孤立はさせなかったのである。その有り様は相対性理論が登場するまでの約二〇〇年、物理学の発展に強い影響力を及ぼしつづけたニュートンの存在と重なってくる。

それでは、二人の天才が共に関心を向けたテーマに注目しながら、彼らが物理学の構築にいかに絶大な役割を果たしたか、具体的に見ていくことにしよう。

第2章　光——天才を捉えしもの

プリズムを手にしたニュートン像

　ケンブリッジのトリニティ・カレッジ礼拝堂には、ガラスのプリズムを手にしたニュートンの立像が飾られている（図2－1）。ニュートンといえば誰しも、すぐに力学を思い浮かべる。にもかかわらず、礼拝堂に立つ像が『プリンキピア』の本でもリンゴでもなく、プリズムをもっているのは、どうしてなのであろうか。本章はまず、この経緯から話を始めることにしよう。

　一六六九年、ニュートンは二六歳でトリニティ・カレッジ（ケンブリッジ）のルーカス講座教授に就任した。この講座はケンブリッジの評議員であったヘンリー・ルーカスの基金によって創設された教授職で、ニュートンは二代目に当たる。ニュートンが退任後一世紀余りは、歴史に名前を刻むほどの教授は現れなかったが、一九世紀に入ると、天文学のエアリー、蒸気機関コンピュータを設計したバベッジ、物理学のストークスなど錚々（そうそう）たる教授がそこに名前を連ねている。さらに、電子理論のラーモア、相対論的量子力学を構築したディラック（一九三三年ノーベル賞)、宇宙論のホーキングなどがその系譜をつなぎ、現在は素粒子の超弦理論で知られるグリーンが一八代教授の地位にある(表2－1)。

さて、ルーカス講座教授に就任したニュートンが行った講義のテーマは、力学ではなく光学であった。

また、その三年後(一六七二年)、ロンドン王立協会の雑誌『哲学会報』(*"Philosophical Transactions"* 当時、科学は哲学の一分野であったことが、この雑誌名からもうかがえる)に、「光と色についての新理論」と題する論文を発表している(図2－2)。これは公表されたものとしては、ニュートンの最初の論文となるが、ここ

図2−1　プリズムを手にしたニュートンの像(写真：Andrew Dunn)

表2−1　トリニティ・カレッジのルーカス講座教授

		就任年
初代	バロウ	1664
2	ニュートン	1669
3	ホイストン	1702
4	サーンダソン	1711
5	コルソン	1739
6	ウェアリング	1760
7	ミルナー	1798
8	ウッドハウス	1820
9	タートン	1822
10	エアリー	1826
11	バベッジ	1828
12	キング	1839
13	ストークス	1849
14	ラーモア	1903
15	ディラック	1932
16	ライトヒル	1969
17	ホーキング	1980
18	グリーン	2009

でも力学ではなく光学が扱われている。で、その書き出しに次のような記述がある。

一六六六年の初め――この頃、私は非球面の光学ガラスを磨くことに専念していた――、私は三角プリズムを手に入れ、それを使って、よく知られた色彩現象を試してみようと思った。そこで、部屋を暗くし、適量の太陽光が射し込むように窓板に小さな穴をあけた。そして、向かい側の壁に光が屈折して当たるようにプリズムを置いた。そうやって描き出された鮮やかな色彩を眺めるのは、当初、とても楽しいことであった。しかし、しばらくして、よく考えてみると、壁に現れた色彩の形が、一般に受け入れられている屈折法則に従って円形になるのではなく、細長く伸びているのは、奇異な出来事であった。

（*"Isaac Newton's Papers & Letters on Natural Philosophy"*, ed. by I. Bernard Cohen,

Harvard University Press　傍点は引用者）

ここに、プリズムが登場する。そして、色彩の現れ方が従来の考え方では説明がつかないと指摘されている。つまり、ニュートンはプリズムを使った実験を行って旧説を覆し、新しい光の理論を打ち立てようとしていたのである。トリニティ・カレッジの礼拝堂に立つニュートン像がプリズムを手にしている所以（ゆえん）はそこにある。

(3075)　　Numb.80.

PHILOSOPHICAL
TRANSACTIONS.

February 19. 16$\frac{71}{72}$.

The CONTENTS.

A Letter of Mr. Iſaac Newton, *Mathematick Profeſſor in the Univerſity of Cambridge; containing his New Theory about* Light *and* Colors: *Where* Light *is declared to be not Similar or Homogeneal, but conſiſting of difform rays, ſome of which are more refrangible than others: And* Colors *are affirm'd to be not Qualifications of Light, deriv'd from Refractions of natural Bodies, (as 'tis generally believed;) but Original and Connate properties, which in divers rays are divers: Where ſeveral Obſervations and Experiments are alledged to prove the ſaid Theory. An Accompt of ſome Books:* I. *A Deſcription of the EAST-INDIAN COASTS, MALABAR, COROMANDEL, CEYLON, &c. in* Dutch, *by* Phil. Baldæus. II. Antonii le Grand *INSTITUTIO PHILOSOPHIÆ*, ſecundùm principia Renati Des-Cartes; *novâ methodo adornata & explicata.* III. *An Eſſay to the Advancement of MUSICK; by* Thomas Salmon *M. A. Advertiſement about* Thæon Smyrnæus. *An* Index *for the Tracts of the Year* 1671.

A Letter of Mr. Iſaac Newton, *Profeſſor of the Mathematicks in the Univerſity of Cambridge; containing his New Theory about* Light *and* Colors: *ſent by the Author to the Publiſher from Cambridge, Febr.* 6. 16$\frac{71}{72}$; *in order to be communicated to the* R. Society.

SIR,

TO perform my late promiſe to you, I ſhall without further ceremony acquaint you, that in the beginning of the Year 1666 (at which time I applyed my ſelf to the grinding of Optick glaſſes of other figures than *Spherical*,) I procured me a Triangular glaſs-Priſme, to try therewith the celebrated *Phænomena* of

Gggg　　*Colours,*

図2－2 『哲学会報』に掲載されたニュートンの論文「光と色についての新理論」の書き出し部分

光の変容説

それでは、ニュートンが覆そうとした旧説とはどのような内容のものであったのかを、先に見ておこう。

光がかかわる身近な、わかりやすい現象のひとつが色の出現である。これについては古代ギリシアの哲学者アリストテレスの時代から一七世紀まで——それにしても、二〇〇〇年間とはずいぶん長くつづいたものだと驚かされるが——、基本的に次のような解釈が広く受け継がれてきた。

色は白色光（太陽光）に物質がもつ「闇」が混ざり合うことによって生じると考えられていたのである。つまり、白色光は純粋で混じりけのないものとして捉えられ、その対照概念として闇なる代物（しろもの）が設定されていた。そして、白色光と闇の混合比によって、赤、黄、青、紫などの色が決まるというわけである。一種の二元論（光と闇）にもとづく色彩論といえる。

古代ギリシアの自然学の特徴のひとつに、この二元論があげられる。象徴的なのは、天上界（星々の世界）と地上界（人間が住む世界）を対置させた天動説であろう。それによると、天上界は完全な世界、一方、地上界は不完全な世界であり、それぞれの世界では、自然に生起する運動も（天上界は等速円運動、地上界は落下、上昇の直線運動）、それを構成する元素も（天上界はエーテル、地上界は土、水、空気、火の四元素）互いにまったく異質なものとみなされていた。

地球を宇宙の中心に不動に据えたままにしただけでなく、こうした二元論を伴って、天動説は二〇〇〇年の歴史を生き延びたのである。そして、光の変容説もまた、然（しか）りであった。

かくも長きにわたって固定されてきた旧説を、ニュートンはプリズムによるみごとな実験によって打ち破ることになるのである。

科学論文のルーツは手紙

ここで再び、話をニュートンの論文「光と色についての新理論」に戻そう。

いま、〝論文〟と書いたが、当時の習慣、形式でいうと、それはニュートンから王立協会に宛てた〝手紙〟であった。図2－2の『哲学会報』を見ると、論文の前にこう記されている。「アイザック・ニュートン氏（ケンブリッジ大学数学教授）の光と色の新理論についての手紙。一六七二年二月六日付で、王立協会に知らせるため、著者によってケンブリッジから出版人に宛て送付」（傍点は引用者）。

王立協会には会員たちから、研究成果を伝えるこうした手紙が数多く寄せられていた。その中から広く、伝えるに価値があるものと判断された手紙が『哲学会報』を通して公表され、知識が普及されていったのである。第1章で、二〇一三年、ヒッグス粒子発見を報じる論文を紹介したが、その掲載誌の雑誌名は〝*Physics Letters*（フィジックス レターズ）〟であった（図1－5）。ここにも、一七世紀の名残が見て取れる。

そこで、あらためて、さきほど引用したニュートンの論文の冒頭を眺めてみると、確かに科学の論文というよりは、個人の体験と思いを綴った手紙の色彩が強いように感じる。論文に添えら

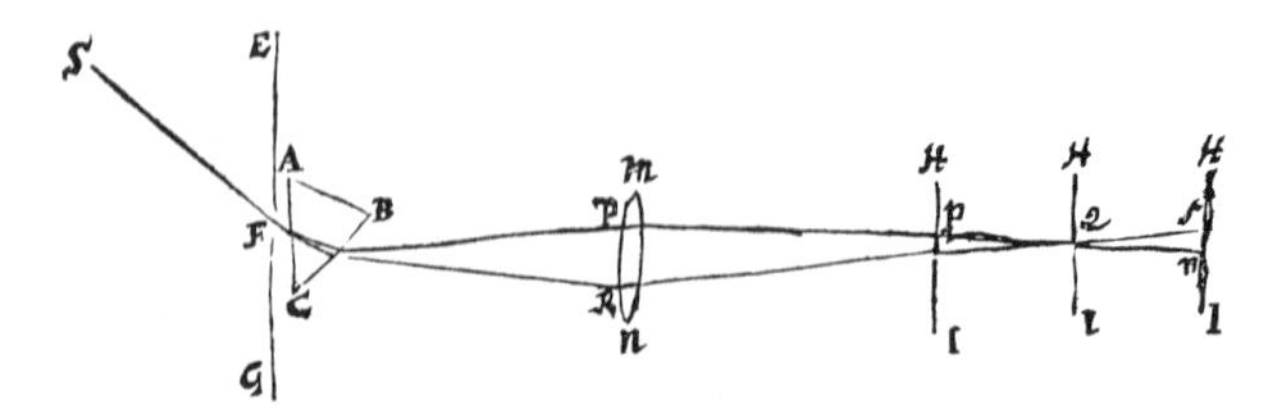

図２－３　プリズムを用いた光の分散実験

れた図も手描きのスケッチで、これまた手紙っぽい（図２－３）。
図の説明には、こうある。太陽（Ｓ）の光が窓（ＥＧ）にあけた穴（Ｆ）から室内に射し込み、窓際（まどぎわ）にあるプリズム（ＡＢＣ）で分散される。プリズムを通った後、図の下側（屈折の小さい方）の光線が赤と黄、上側（屈折の大きい方）の光線が青と紫である。二本の光線は中央にあるレンズ（ｍｎ）を通過すると、再び収束する。レンズの右側に紙（ＨＩ）を置き、それを二本の光線が合わさる位置（Ｑ）にもってくると、色は消え、そこは白くなると述べられている。

図２－４は、ニュートンが同じ年（一六七二年）の五月、『哲学会報』に発表した続報に示されたものである（I. B. Cohen 編、前掲書）。今度は二つのプリズム（ＡＢＣとαβγ）が用いられている。

二個のプリズムは辺ＡＣとβγ、ＢＣとαγがそれぞれ平行になるよう（つまり、平行四辺形となるよう）組み合わされている。もし、二つ目のプリズム（αβγ）がなければ、窓（ＥＧ）の穴（Ｆ）から入った光はプリズムＡＢＣで分散され、プリズムから一定の距離のところに色わけされた縦長の帯（破線のＰＴ）を形づくる。

ところが、もうひとつプリズムαβγを置くと、分散された光がそこで再び収束し、白い円形のスポット（Q）に戻るというのである。

　これらの実験結果は、何を示唆しているであろうか。そう、太陽光は二〇〇〇年間信じられていたような純粋で混じりけのないものではなく、それとは逆に、屈折の仕方の異なる、いろいろな色の射線が混じり合ったものであると、ニュートンは考えるに至った。プリズムでいったん、色ごとに分かれた光をレンズ（図2－3）あるいは二つ目のプリズム（図2－4）で再び屈折させ、収束させると、色は消え、白色に戻るのは、その証拠というわけである。

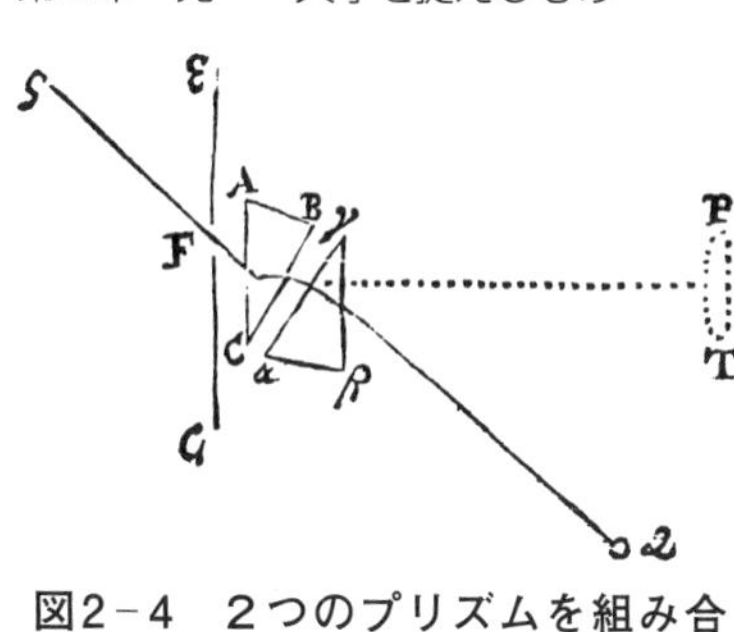

図2－4　2つのプリズムを組み合わせた実験

光の変容説の否定

　こうしたニュートンの一連の光学実験は、一七〇四年、『光学』（邦訳は岩波文庫）と題する一冊の書物にまとめられた（図2－5）。ここには手描きのスケッチではなく、きれいに製図された実験の原理が載っている。

　図2－6を見てみよう。右側の窓の穴（F）から入射した太陽光がプリズムによって分散され、左側に置いた紙（MN）の

OPTICKS:
OR, A
TREATISE
OF THE
REFLEXIONS, REFRACTIONS,
INFLEXIONS and COLOURS
OF
LIGHT.
ALSO
Two TREATISES
OF THE
SPECIES and MAGNITUDE
OF
Curvilinear Figures.

LONDON,
Printed for SAM. SMITH, and BENJ. WALFORD
Printers to the Royal Society, at the *Prince's Arms* in
St. *Paul's* Church-yard. MDCCIV.

図2－5　ニュートンの『光学』

上に、色分けされた縦長の帯を形成することが示されている。屈折率の一番小さい光線のくる位置Tが赤、屈折率の一番大きい光線のくる位置Pが紫で、その間に、いわゆる虹の七色が層を成して連続しているのである。

太陽の白色光に混在していた各色の光線が、プリズムを通過することにより、それぞれの屈折率に従って分散され、ひとつひとつに色分けされた結果、縦長の帯になって現れたというわけである。

しかし、この段階だとまだ、光の変容説が入り込む余地は残されていた（天動説と同様、古代、中世、近代と生き抜いてきた学説は、そう簡単には倒れなかった）。

もう一度、図2－6をご覧いただこう。赤（T）を示す光線がプリズムを通る経路LIと紫を示すそれ（KH）を比べてみると、前者よりも後者の方が長い。長いぶん、KHを通った光はプ

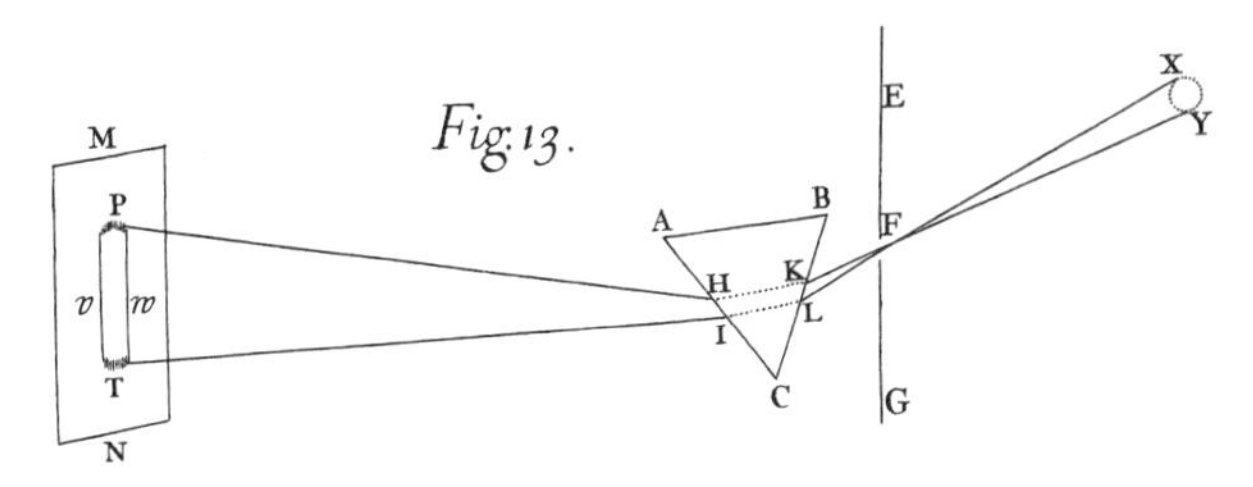

図2－6　光の分散によって生じる色彩の帯（『光学』より）

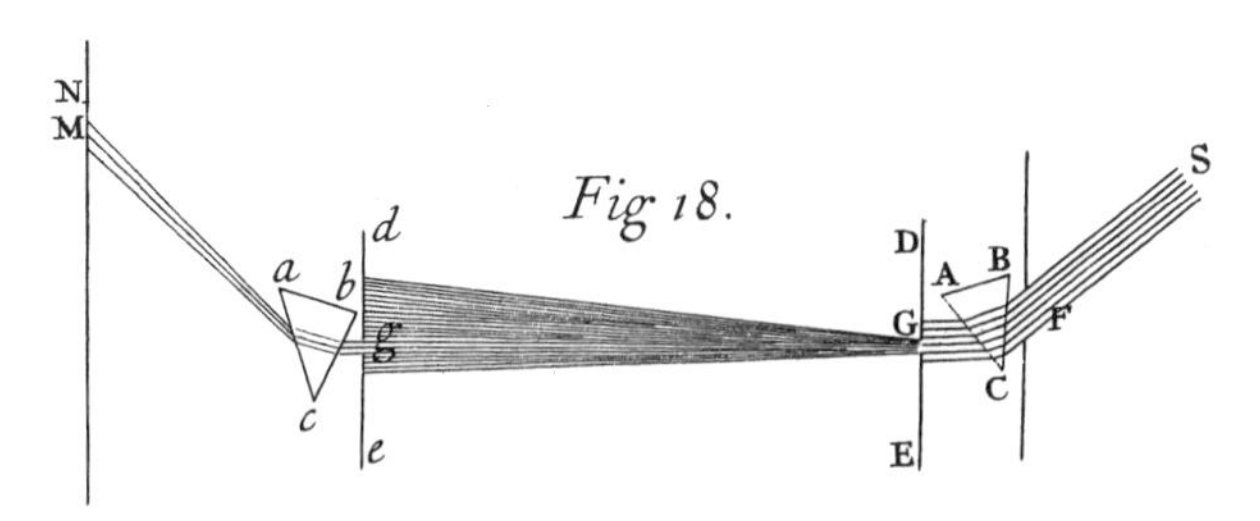

図2－7　ニュートンの理論を決定づける実験（『光学』より）

リズムに含まれるより多くの「闇」と混じり合う。つまり、プリズムの厚さが異なるところを通ることにより、光と闇の混合比に違いが生じ、それが色の変化となって現れるというわけである。

うーん、なるほど。なかなかしぶとい。

そこで、ニュートンは次のような実験を行った（図2－7）。太陽（S）の光を窓の穴から取り入れ、プリズムABCで分散させてから、衝立（ついたて）（DE）の穴（G）を通す。その後、一色の光だけが通り抜けるよう、穴（g）のあいた二つ目の衝立（de）を設置しておく。こうすれば、プリズムＡＢＣの窓に対する角度を調節することにより、任意の色の光を選び出せる。選び出された色の光は穴（ｇ）を通って、二つ目のプリズムａｂｃで再び、屈折され、左側の壁のＮＭの間に達する。

このとき、プリズムａｂｃによる屈折の仕方はやはり、穴（ｇ）を通った光が赤から紫に移るにつれ大きくなった。そして、第二のプリズムを通過しても、光線の色にもはや変化は現れなかった。

これによって、白色光は屈折性の異なる、さまざまな色の射線が混じり合ったものであるとするニュートンの理論が実証されたのである。

実験家ニュートン

こうした実験成果を得た上で、ニュートンは『光学』の冒頭に、「本書の目的は光の諸性質を仮説によって説明することではなく、推論と実験によって提示し、それを証明することである」と高らかに宣言している（図２－８）。

力学や微積分の研究から、我々はニュートンに対し、理論家としてのイメージを抱きがちである。それはそれとして、「推論と実験により光の諸性質の証明」を試みたニュートンからはむしろ、すぐれた実験家としての一面が浮かんでくる。

一六七二年、ニュートンは王立協会会員の仲間入りを果たすが、選出された理由はこれも光学分野の業績で、反射望遠鏡の考案製作であった（その報告は同年三月の『哲学会報』に載っている。図2－9）。これからも、ニュートンはものづくりが好きで、自ら手を動かすことを厭わず、実験家に向いていたことがわかる（そういえば、ケンブリッジで錬金術に耽り、実験室の火が消えなかったのは、こうした傾向の現れだったのかもしれない）。

もうひとつ、力学と光学の対比でいうと、前者ではニュートンの前にコペルニクス、ガリレオ、ケプラー、デカルトといった偉大な先達が存在し、ニュートンは彼らの業績の恩恵を受けている（詳しくは第3章で論ずる）。ニュートンは〝巨人の肩〟の上に乗って、遠くを見ることができたのである。

一方、光学に関しては、ニュー

[1]

The FIRST BOOK OF OPTICKS.

PART I.

MY Design in this Book is not to explain the Properties of Light by Hypotheses, but to propose and prove them by Reason and Experiments: In order to which, I shall premise the following Definitions and Axioms.

DEFINITIONS.

DEFIN. I.

BY the Rays of Light I understand its least Parts, and those as well Successive in the same Lines as Contemporary in several Lines. For it is manifest that Light consists of parts both Successive and Contemporary; because in the same place you may stop that which comes one moment, and let pass that which comes presently after; and in the same time you may stop it in any one place, and let it pass in any other. For that part of Light which is stopt cannot be the same with that which is let pass. The least Light or part of Light, which may be stopt alone without the rest of the Light, or propagated alone, or do or suffer any
A thing

図2－8　『光学』の冒頭部分

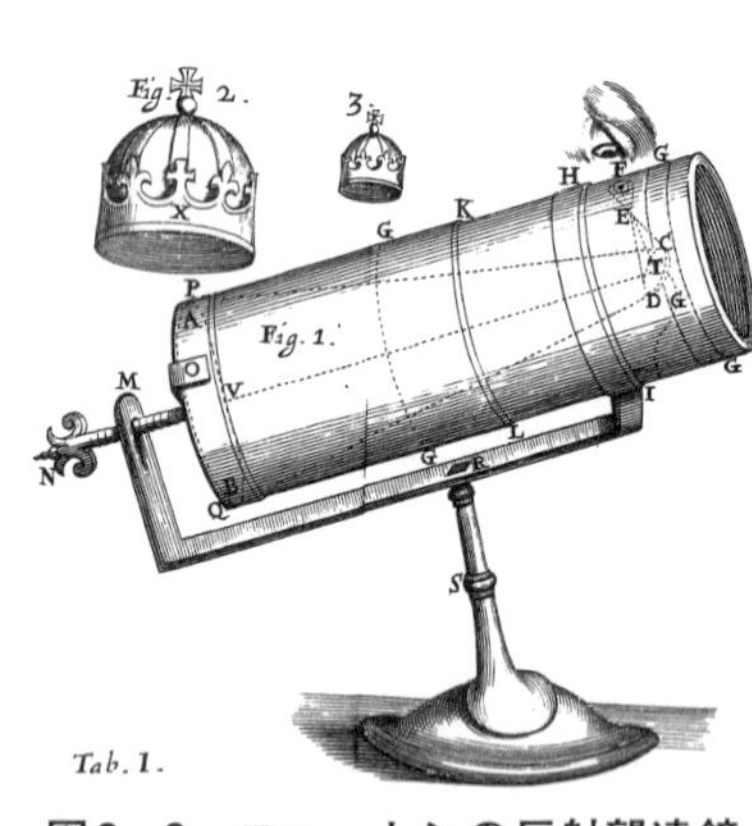

図2−9　ニュートンの反射望遠鏡を説明する図（I. B. Cohen編、前掲書）

トンには乗るべき〝巨人の肩〟はなかったといってよかろう。先行する研究がほとんどない中、長く受け継がれてきた光の変容説をプリズムを用いた実験で打ち破ったわけであるから、むしろ光学研究の方が独創性が高かったといえる。

礼拝堂に立つニュートンの像が手にしたプリズムは、それを如実に物語っているかのようである。

青色発光ダイオードとニュートン

ここで、話は突然、現代に跳ぶ。

二〇一四年のノーベル物理学賞は、「白色光源を可能にした高効率青色発光ダイオード（LED）の実現」により、赤﨑勇、天野浩、中村修二の日本人三氏が受賞した（中村氏の国籍はアメリカ）。素粒子の理論で南部陽一郎、小林誠、益川敏英の三氏が同賞に輝いた二〇〇八年につづき、日本物理学界にとってビッグイヤーとなった（南部氏の国籍はアメリカ）。

LED（Light Emitting Diode）は、n型とp型と呼ばれる二つのタイプの半導体の結晶を接合した素子である。そこに電圧をかけると、半導体内の電子が高いエネルギー状態から低い状態に跳び移り、そのエネルギー差に相当する光が放射されるという仕組みである。そして、電子が跳び移る前後のエネルギー差が光の色に対応している。

光の三原色のうち、赤と緑のＬＥＤは一九六〇年代に開発されていたが、残りのひとつである青を発光する素材がなかなかつくり出せず、研究は難航していた。そうした状況の中、一九八〇年代に赤﨑、天野両氏が青の発光に適した透明な結晶の作製に成功、一九九〇年代、中村氏が青色ＬＥＤの量産化への道を開いたのである。三原色の欠けていたピースが埋められたことにより、赤、緑、青を組み合わせ、照明などに使えるＬＥＤの白色光が実現できるようになった。ＬＥＤは電気から光への変換効率が高いため、白色ＬＥＤは電力消費を大幅に抑制でき、今日、広く普及しているわけである。

ノーベル賞の授賞理由にわざわざ、「白色光源を可能にした」と明記されたのは、そのためである。

ところで、このノーベル賞のニュースに接したとき、思い浮かんだのが、ニュートンの光学実験であった。ニュートンはプリズムを用いて、混じりけのない純粋な光と信じられていた太陽の白色光が、さまざまな色の光が混じり合ったものであることを解明した。

これに対し、ノーベル賞を贈られた三氏は、青色ＬＥＤの開発を通し、三原色を重ね合わせて、人工的な新しいタイプの白色光を可能にした。つまり、LEDによる照明の光を分解すれば――ニュートンが室内に射し込む太陽光を分解させたように――、赤、緑、青の人工の光に還元されるわけである。

三〇〇年の時を超えて、既視感（デジャ・ビュ）に襲われるような話である。これもまた、ニュートンの光学研究の高い独創性を示す、ひとつの証左であろう。

光の粒子説

このように、物理学における光学研究の原点はニュートンにあるといえるが、この分野のその後の発展の中でもっとも重要なテーマは、光とは何か、つまり、光の本性の解明であった。では、ニュートンはこの問題をどう考えていたのであろうか。

『光学』の冒頭に設けられた定義の一番目には、こう記述されている（図2－8のDEFIN. I. の斜体文字（イタリック）で書かれた文章）。「光の射線（the Rays of Light）とは、光の最小粒子（its least Parts）と解釈できる」（島尾永康訳、岩波文庫によると、partという用語は物質を構成する粒子を意味しているとある）。

そもそも、ニュートンが用いた射線という表現自体が、何かを構成する最小単位（粒子）が連なって流れているという描像を伝えている。そして、一様な媒質（空気や水、ガラスなど）の中を光が直進するのは、こうした粒子が光源から放出されているからと考えていたようである。また、色によって光線の屈折率が異なるのも、色ごとにそれを構成する粒子の運動の仕方に違いがあるためと、ニュートンはみなしていた。色はあくまでも初めから、各光線に付与された固有の属性で、物質との相互作用（「闇」との混合）による変容の現れではないというわけである。

というわけで、ニュートンは光の本性を粒子として捉えていた様子がうかがえる。

なお、ここで、あるひとつのことに気がつく。白色光がプリズムに入射すると、赤い射線の粒子よりも紫の射線の粒子の方が、その進路を大きく曲げられる。進路の変化は粒子がなんらかの作用を受けていることを示している。つまり、その作用に対し、赤の粒子は反応（進路の変化）が鈍く、紫の粒子は敏感に反応すると表現できる。これは、物体に力を作用させたとき、その運動状態（加速度）の変化の大小が物体の質量に依存するとした、ニュートンの運動法則を想起させる。

光の本性を考える上においても、ニュートンの頭の中には、力学とのアナロジーがあったのかもしれない。

ニュートンの宿敵フック

ところで、この問題に関し、ニュートンとまったく異なる立場を取ったのが、王立協会の中心人物フックである。フックはニュートンより七歳年長でいわば先輩格に当たり、多彩な分野でその才能を発揮した希代の実験家である。

一六六五年（ニュートンの奇跡の年）には、顕微鏡による観察記録をまとめた『ミクログラフィア』を出版している。そこには植物や鉱物と並んで、昆虫の細密画が多数収められ、頁をめくるたびに、迫力あるミクロの世界が目に跳び込んでくる。

有名なのは、ノミの図であろう。眼や口吻（こうふん）、肢、関節、体毛など細部まで緻密に描かれており、現代の我々が見ても、そのリアルさに圧倒される。他にも、ハエ、シラミ、ダニ、ボウフラ、蟻（アリ）、蛾（ガ）などの観察画が見られる。ノミはいろいろな本でよく紹介されているようなので、ここでは白い蛾を載せておこう（図2－10）。虫は苦手という人は多いと思うが、顕微鏡を通して拡大された画を見ていると、造化の妙と生物の機能の巧みさに魅入られる。

こうした観察記録と併せて、『ミクログラフィア』には光の本性に触れた箇所がある。それによると、フックは光とは均質（homogeneous）で透明な媒質（pellucid medium）の非常に短い時間に進行する振動（very short vibrating motion）であると述べている。空間には見えない媒質が均質に充満しており、光とはその中を伝わる波動と考えたのである。

したがって、光を粒子的な描像で捉えるニュートンに対し、フックには一家言があり、厳しい批判を展開している。ニュートンはそれに応戦する形となり、論争の激しさはエスカレートの一

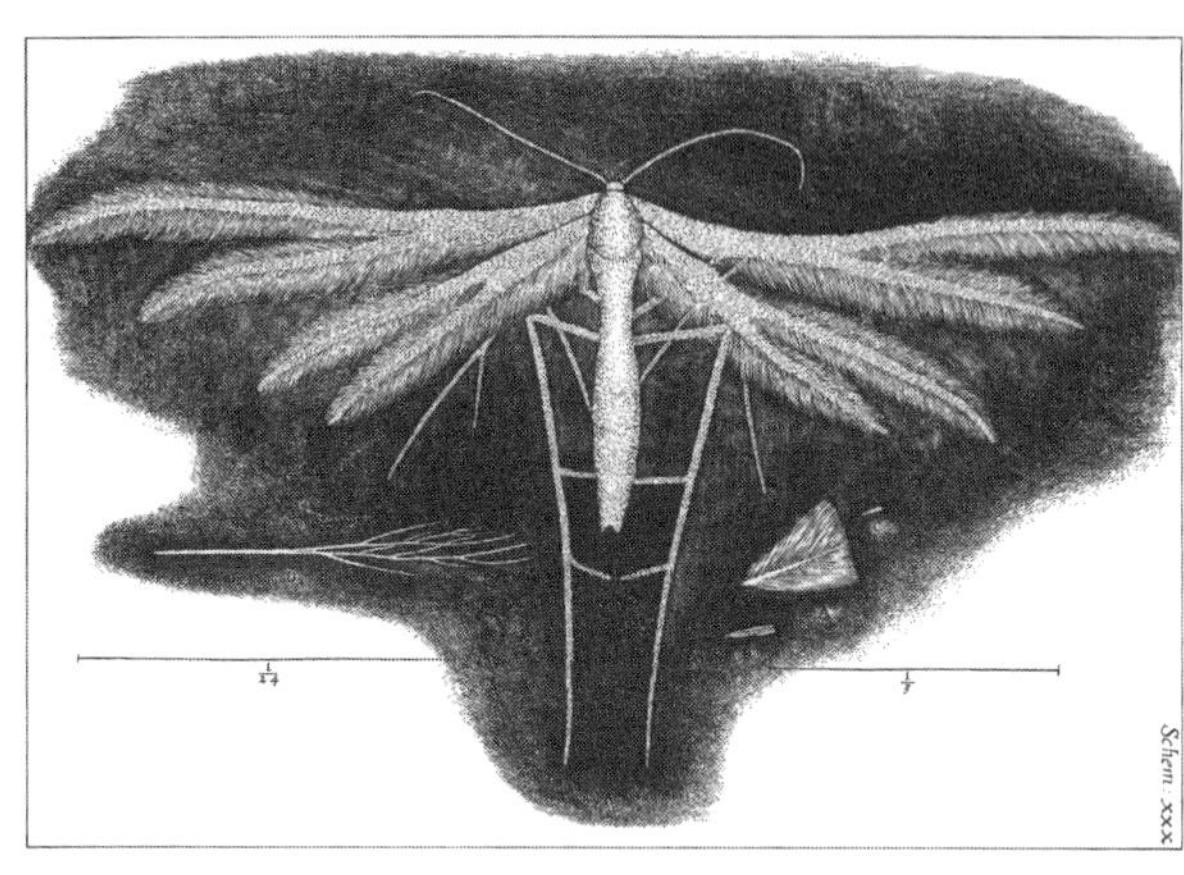

図2－10　『ミクログラフィア』に描かれた白い蛾

途をたどった。また、この二人、重力の理論に関してもやり合い、確執は深まるばかりであった。ニュートンとフックの関係は科学史上、もっとも有名な〝犬猿の仲〟となってしまった。

純粋に学問上の論争を冷静に繰り広げられるのなら、それはむしろ学問の進歩に益するところ大といえる。しかし、人間は往々にして、感情的になりがちである。加えて、二人の大物はよほど相性が悪かったのであろう、険悪さは増すばかりであった。そして、フックが亡くなるまで（一七〇三年）、互いの仲が修復されることはなかった。

ホイヘンスの波動説

さて、ニュートンの時代、光の波動説を提唱したもう一人の大物に、オランダのホイヘンスがいる。ホイヘンスは一六九〇年に著した『光についての論考』の中で、音とのアナロジーをもち出し、光の本性について、次のような論を展開している。

音は、見えもせず、手で触れることもできない空気を媒介にして、四方八方へと伝わっていく。伝播の仕方が等方的、等速度であることから、音は球状の波面の運動とみなせる。同様に、光も空間を満たす、空気とは別の媒質が形成する球面波として広がるものと考えてよいというのである。

そうした波動説の根拠のひとつとして、こういう事例があげられている。異なる方向からきた二本の光線が交差しても、互いに妨げ合うことなく、光はそのまま直進していく。もし、光が一連の粒子の流れであるとすれば、粒子どうしが衝突を起こし、こうはならないはずであるというわけである。

光源から粒子が放出されるのではないとすれば、そこから波面が三次元的に広がっていく運動が光であると考えるのは自然であろう。そうなると波を伝える媒質が存在しなければならない。フックはそれを空間に均質に充満する透明な媒質であると『ミクログラフィア』に記したが、この点に関し、ホイヘンスも基本的には同じようなイメージを描いていた。そして、彼らが想定した光を担う媒質は「エーテル」と呼ばれた。

そのルーツは天動説まで遡る。それは天上界に存在すると考えられていた元素だからである。エーテルは見えもしないし、つかむこともできないが、それは音を伝える空気とて同じことだというわけである。

今日でも、物理の教科書には、光の回折（光が障害物の後ろに少しまわり込む現象）を説明するのに、「ホイヘンスの原理」がよく使われている。光が障害物の縁（ふち）に当たると、そこが新しい波源となって二次波が発生するため、回折が生じると書かれている。ただし、今日の教科書にはエーテルに関する記載はいっさい見られないが、『光についての論考』にあるオリジナルなホイヘンスの原理では、エーテル粒子の運動によって光の回折の説明が行われているのである。また、この原理にもとづいて、つまり波動説の立場で、光の反射、屈折も論じられている。

というわけで、一八世紀を通し、しばらくは、粒子説と波動説が共存する形で論争は推移していく。そこに大きな転換期が訪れるのは、一九世紀初めのことになる。論争に決着をつけるきっかけとなったのは、これも教科書でお馴染みの、「ヤングの光の干渉実験」である。

ところで、ヤングの実験はすっかり有名になってしまったが、その直前、光に関し、他にも重要な報告がなされていた。それは往々にして見落とされがちであるが、赤外線と紫外線の発見である。

目に見えない光の発見

一八〇〇年、イギリスのハーシェル（天王星の発見者）はプリズムで太陽光を分散させ、色ご

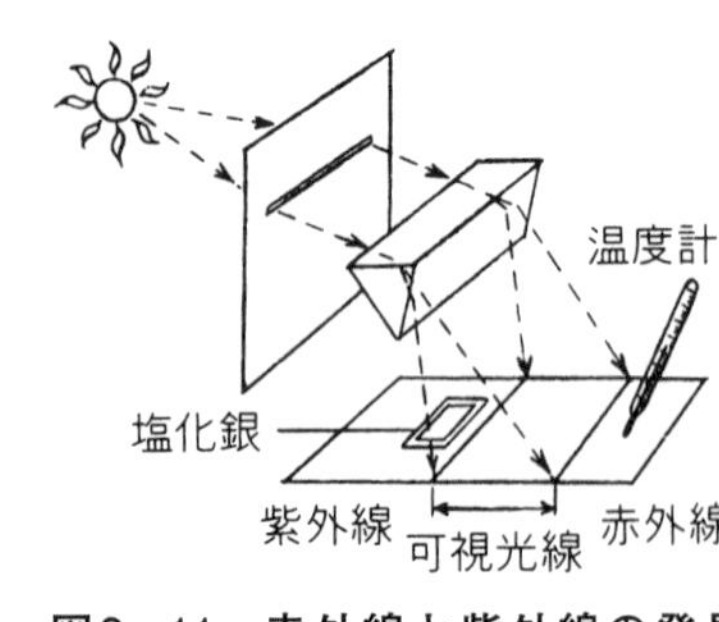

図2－11　赤外線と紫外線の発見
（小山慶太『科学歳時記』丸善）

とに光が伝える熱量にどのような違いがあるのかを調べるため、各色の温度を測定してみた。その結果、紫に比べ赤の方が温度が高くなることが確かめられたが、話はこれで終わらなかった。赤のさらに外側（ここはもちろん色はなく、光は来ていないと思われていた位置）に温度計を置くと、意外にもそこがもっとも強い熱作用を示したのである。このときハーシェルは、太陽光には赤よりも屈折率が小さく、目には見えないが、非常に温度の高い光線が含まれていることに気がついた。これが赤外線の発見である（図2－11）。

翌一八〇一年には、ドイツのリッターがやはりプリズムで分散させた太陽光による塩化銀の変色反応を調べていたところ、紫の外側で可視光線部分よりも強い反応が見られた（図2－11）。こうして、赤外線につづき紫外線も発見されたのである。

ところで、当時、光と同様、熱の本性についても二つの有力な説が併立していた。熱はカロリックと呼ぶ質量のない元素の流れとする説と、物質を構成する粒子の運動とする説の二つである。この論争は一九世紀に入りしばらくすると、後者に軍配が上がるのであるが、いずれの立場をとっても、熱はなんらかの粒子性を付与された実体の動的(ダイナミック)な作用と捉えられていた。

また、紫外線が発見された変色反応にしても、それは塩化銀を分解する化学反応であることから、光の粒子的描像が前面に出てくる。

ハーシェルとリッターの実験の原理は、ニュートンの光学実験を踏襲したものであり、いわばその延長線上に温度測定と変色反応をそれぞれ組み込んだ試みといえる。それによって、目に見えない(色のない)光線の存在が突き止められたことは、光を粒子の流れと見ていたニュートンの説を後押しするものとなった。

光の波動説の確立

ところがその直後、光の本性をめぐる論争に一波瀾(ひとはらん)が起き——語呂合わせをするつもりはないが——、光が波として振る舞うことを示す有力な証拠が提示されることになる。それが、さきほど書きかけたヤングの実験である。

ヤングは、ロンドンの王立研究所で行った実験のデモンストレーションを伴う一連の公開講座を一八〇七年、『自然哲学と機械技術の講義』としてまとめている。そこに収められた講演録「光の色と本性について」の中で、今日すっかり有名になった光の干渉実験が報告されている。

均一の光線が隣接する二つのスリットを通り抜け、前方に置かれた衝立に当たると、明暗の模様が交互に現れる干渉パターンが形成されるという、例の実験である。
ヤングは水面に広がる波紋の重なりや音波の唸り（うな）などを引き合いに出し、光も粒子では決して起こり得ない、干渉という波動特有の現象を示すことから、その本性は波であると述べている。そして、波長（あるいは振動数）が光の色に対応すると考え、実際に、スペクトルの両端に位置する赤（約七一〇〇Å（オングストローム））と紫（約四二〇〇Å）の波長を求めている（1Åは10^{-10}m）。

さらに、ヤングは光がガラスや水などの透明な物質に入射したとき、粒子説と波動説では光速度の変化の仕方について異なる結論が導き出せると指摘している。この点に関しては、すでにホイヘンスが『光についての論考』で、光はエーテルを媒質とした波動という前提のもと、屈折率の大きい物質中では空気中に比べ、光速度は遅くなると推論している。光の波面の進行はガラスや水などの内部では、それらの物質を構成する粒子を迂回（うかい）するので、そのぶん速度が落ちるはずであり、粒子説が唱えるように、物質粒子の引力によって速度が大きくなることはないというわけである。

ヤングも論文「物理光学に関する実験と計算」（一八〇四年）の中で、これについてさらに詳しく論を展開し、光は疎な物質中よりも密な物質中の方が速度が遅くなると述べている。

このように、二つの説ではまったく逆の結論が導き出されたわけであるから、実際にその違いを測定してみれば、白黒がはっきりすることになる。それを成し遂げたのが、フランスのフーコーである（振り子の振動面の回転により、地球の自転を目に見える形で示した、あのフーコーである）。

一八五〇年、フーコーは鏡の間を反射された光が往復する運動に工夫を施し、空気中と水中での光速度を測定してみた。果たして、波動説が語るとおり、光は水の中を走ると遅くなることが実証されたのである。

かくして、光の波動説は確立されるが、それから半世紀後、この問題はアインシュタインによって再び、もう一波瀾を迎えることになる。

マクスウェル方程式と電磁波

さて、一九世紀は電池の発明により、電気の研究が急速に進み、そこから電気と磁気の相関が明らかにされ、電磁気学という新しい体系が確立されていく世紀でもあった。その過程で一九世紀前半、デンマークのエールステッドによる電流の磁気作用、イギリスのファラデーによる電磁誘導などが発見され、重要な実験結果が蓄積されていった。

一八六四年、イギリスのマクスウェルは、こうした実験から導き出された電場（電気的な作用が働く空間）と磁場（磁気的な作用が働く空間）の振る舞いを、時間と空間座標を変数とする偏微分方程式で表現した。これが第1章で触れたマクスウェル方程式で、力学におけるニュートンの運動方程式に当たる、電磁気学の基本方程式である。

マクスウェルが最初に導いたオリジナルの方程式はまだ、ベクトル表記が用いられておらず、方程式の数が多いためいささか煩瑣（はんさ）な印象を受けるが、その後、ドイツのヘルツやイギリスのヘヴィサイドによってそれは簡潔な形にまとめられた。その具体的な内容をごくかいつまんで紹介すると、次の四つになる。

①電場の時間変化による磁場の発生、②磁場の時間変化による電場の発生、③電荷と電気力線の関係、④磁荷と磁力線の関係。

以上四つの内容を表す電場と磁場の微分方程式を組み合わせて計算を実行すると、自動的に電場と磁場についての波動方程式が導き出されたのである。つまり、その解が電磁波である。そして、電磁波が真空中を伝わる速度は電気と磁気の二つの定数（真空誘電率と真空透磁率）によって与えられることが示された。二つの定数の値は一八五六年、ドイツのコールラウシュとウェーバーによって測定されていたので、それを代入すると、電磁波の伝播速度は、一八四九年にフランスのフィゾーが実験で求めた光速度と、ぴたり一致したのである。

これはまさしく、ドラマであった。一般的に考えて、まったく別の二つのものの速度がぴたりと一致するなどという偶然は、まずあり得ない。だとすると、必然的に、光は電磁波に他ならないという結論に達する。

ここで、マクスウェル自身の言葉に耳を傾けてみよう。彼はこう語っている。

仮想した媒質中を伝わる横波の速度を、コールラウシュとウェーバーが行った電磁気実験の結果にもとづいて計算すると、その値はフィゾーの光学実験から求められる光速度と正確に一致する。そうなると、光とは電磁気現象の原因である媒質と同じ媒質を伝播する横波であると推論せざるを得ない。（“*The Scientific Papers of James Clerk Maxwell*”, ed. by W. D. Niven, Cambridge University Press　傍点は引用者）

ここに、光学と電磁気学の融合がはかられた。そして、引用にあるとおり、マクスウェルは光も電磁作用もエーテルという〝仮想〟媒質を通して伝わると考えた。たとえ目に見えなくても、手で触れることができなくても、光（電磁波）という波動を担う媒質が空間を満たしているという考えをマクスウェルは堅持したのである。天動説の残滓（ざんし）は一九世紀後半においてもまだ、命脈を保っていたことになる。

その後、一八八八年、ヘルツが電気振動（周期的に電流の向きが交互に変化する現象）によって火花放電を起こさせる実験を通し、電磁波の検出に成功、そこから、電磁波の伝播速度が光のそれと一致することを実証した。当時、電磁波の発見は——間接的ながら——それを伝える媒質

（エーテル）の存在を捉えたことと同義とみなされた。ついに、エーテルは〝仮想〟から〝実在〟へと昇格したのである。

これが、相対性理論誕生前夜の物理学の状況であった。

力学と絶対運動

マクスウェルが光を伝える媒質として、その存在を確信したエーテルには、当時、次のような重要な役割が期待されるようになっていた。それは「絶対運動」の決定である。

ニュートン力学によれば、静止している観測者Aとそれに対し一様な運動（等速直線運動）をしている観測者Bにとって、力学の法則は完全に同等に成り立つ。AとBの間で、一様な運動にもとづく座標変換を施すと、運動方程式が同じになってしまうからである。換言すれば、静止していても一様な運動をしていても、運動方程式はまったく変わらないのである。したがって、Aのいる座標系とBのいる座標系で、それぞれが目にする運動現象はすべて同じに見える。つまり、どのような力学的実験、観測を行っても、両者の間に違いは生じないことになる。

要するに、静止しているのか動いているのかの区別はつかないわけである。両者を区別する絶対的な基準は存在せず、それはあくまでも相対的な話になってしまう。つまるところ、自分が本当はどのような運動（これが絶対運動）を行っているかを知る手立てはないといえる。

話をわかりやすくするため、ここで、きわめて極端な例をあげてみよう。

いま、電車の車輛を国立競技場サイズに巨大化し、それを一直線に延びるレールの上で一定の速度で走らせたとする。その際、車輛はまったく揺れることもなく騒音も出さない理想的な条件のもと、一様な運動をつづけたとすれば、そこで野球をやってもサッカーの試合を行っても、あるいは陸上競技のあらゆる種目を繰り広げても、何の支障も生じない。車輛のスピードがたとえ新幹線並みでもリニアモーターカー並みでも、それ以上速くても、静止したグラウンドでプレーするのと何も変わらないのである。

したがって、選手も観客も、自分たちが乗っている巨大車輛（競技場）が止まっているのか動いているのか判断がいっさいつかないことになる。

こう書くと、「えっ、そんなバカな」と思われるかもしれない。「乗った電車が動いているのに気がつかないことなど、あり得ない」と反論したくなるかもしれない。

しかし、自分の乗った電車が走っているのがわかるのは実は、力学以外の情報によってなのである。電車が揺れたり、音がしたり、車内放送があったり、外の景色が移っていったりするから、そうとわかるに過ぎない。もし、窓もなく、揺れも感じず、音も聞こえない車輛の中に閉じ込められたとしたら、電車が一様な運動をつづけている限り、車内でどのような力学的実験、観測を試みても、自分の運動状態を知ることはできないのである。

その意味で、静止か一様な運動かはあくまでも相対的な話になってしまう。絶対的な話ではないのである。

ニュートンは『プリンキピア』の中で、「絶対空間」という概念を提示している。ニュートンは、宇宙にはいかなることにも影響されず、常に不動の空間が存在すると考えた。そうだとすれば、それに固定した座標系が絶対静止の基準となり、その座標系で測った物体の運動が究極の本当の運動、つまり絶対運動ということになる。

ところが、ニュートン自身ももちろん認識していたのであるが、このように想定しても、結局は無駄であり、意味がなくなってしまう。さきほどの巨大車輌の運動の場合と同様、力学に照らし合わせてみると、絶対静止の基準とそれに対し一様な運動をしている座標系（これは無数に考えられる）の区別は、まったくつかないからである。

そうなると、絶対運動の決定は、力学に頼っている限り、いつまでたってもらちがあかないことになる。他に活路を見出さなければならない。

そこで浮上してきたのが、マクスウェルの理論というわけである。

エーテルと光速

もう一度おさらいをしておくと、マクスウェル方程式から電磁場の波動方程式が導き出され、電磁場が波となり、真空中を光速（秒速約三〇万キロメートル）で伝播することが示された。そして、その波動を担う媒質がエーテルであった。

このとき、光速に注目すると、果たしてそれは何を基準にした場合の値なのかという問題が生じた（一般に、速度は基準の取り方によっていかようにも変化する、相対的な物理量だからである。ニュートン力学の速度の合成則は、まさにそれを示している）。それが任意に選んだ座標系であるはずはない。地球でもなかろう（地球だとすれば、天動説が完全復活してしまう）。そこで、ニュートンが提示した絶対空間こそがマクスウェル方程式から導き出される光速の値の基準であろうと考えられた。そして、光を伝える媒質のエーテルは、絶対空間に固定され、絶対静止を具現するものと期待された。

こうした前提に立つと、光が進む方向による光速の違いを検出すれば、地球の絶対運動（絶対静止のエーテルに対する運動）を知ることができると予測される。光の進行方向と地球の絶対運動の方向が一致すれば、光は見かけ上遅くなるが、両者の方向が逆になれば光は速く見えるはずだからである。電磁気学に力学が唱える速度の合成則を適用すれば、そういう結果になる（図2－12）。

そこで、一八八七年、アメリカのマイケルソンとモーレーは、いろいろな方向に走らせた二本の光線が起こす干渉現象を利用して、進む方向による光速の違いを測定し、そこから地球の絶対

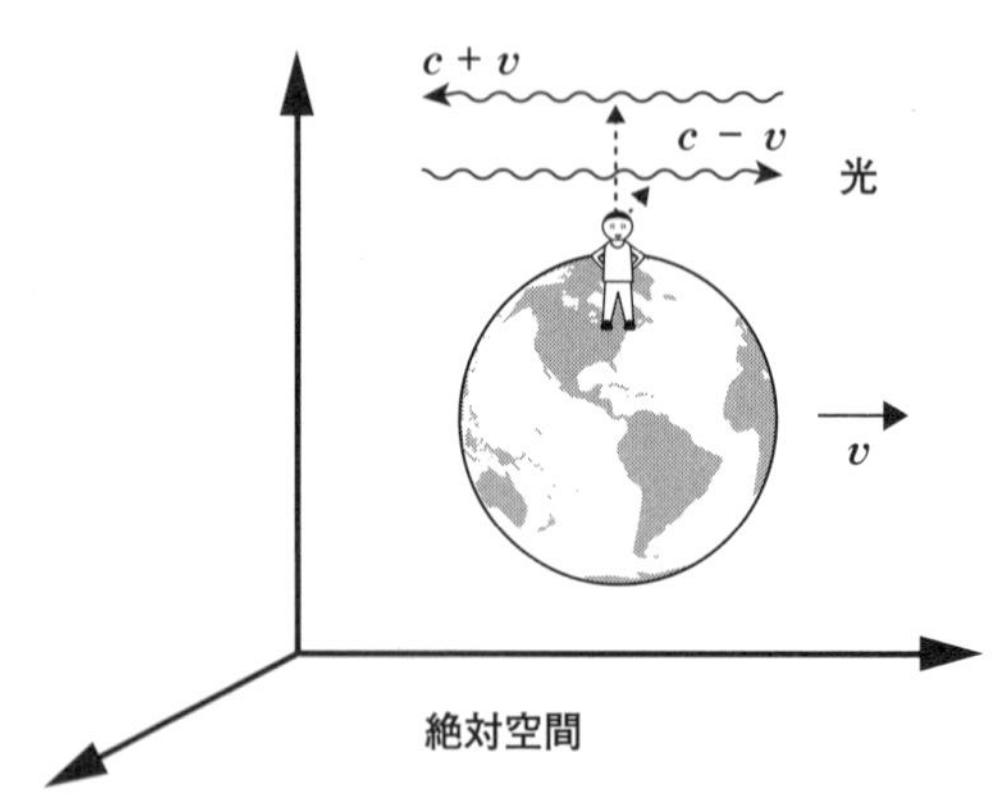

図2－12　静止エーテルに対し速度vで地球が絶対運動していれば、光の進行方向によって光速は見かけ上違ってくるか？

運動を炙り出そうとする実験を試みた。ところが、期待に反し、何の効果も見出せなかった。光速の値は、光と地球の相対運動に関係なく、常に同じであったのである。速度の合成則が成り立たなかったのである。

　実験を行ったマイケルソンは一九〇七年、「干渉計の開発と分光学の研究」でアメリカ人として初めてノーベル物理学賞を受けた精密科学の第一人者である。さきほど述べた前提が正しければ、マイケルソンが開発した干渉計の高い精度と周到な実験方法によって、目的は十分達せられると考えられていただけに、予想外の結果は大きな謎を投げかけた（マイケルソンとモーレーの実験は今日、目論見のはずれたもっとも有名な実験として知られている）。

これについて、イギリスの大物理学者ケルヴィンは一九〇〇年四月二七日に王立研究所で行った講演の中で、「光を運動の一形態として説明しようとする力学理論の美しさと明晰（めいせき）さの上に、いま、一九世紀の暗雲がおおいかぶさろうとしている」と表現した。

このように混迷した状況の中、他の物理学者とは異なり、そもそも物理法則とはどうあるべきものかという別の視点で、この問題を捉えた人物がいた。ベルンの特許庁に勤める若き物理学徒のアインシュタインである。

光速度不変の原理

アインシュタインは一九〇五年の奇跡の年に発表した論文「運動物体の電気力学について」の冒頭で、磁石と導体の相対運動を例にあげ、マクスウェルの電磁気学を運動している物体に当てはめると、整合性に欠けてしまうという解釈をまず述べている（図1－7）。これは敷衍（ふえん）すれば、第1章で紹介した一六歳のアインシュタインの頭に浮かんだ光のパラドックスのような話になる。要するに、力学が示す速度の合成則がそのまま、電磁気学においても成り立つのかという問題に通じる。

実際、図1－7につづくパラグラフでアインシュタインは、こう述べている。

Beispiele ähnlicher Art, sowie die mißlungenen Versuche, eine Bewegung der Erde relativ zum „Lichtmedium“ zu konstatieren, führen zu der Vermutung, daß dem Begriffe der absoluten Ruhe nicht nur in der Mechanik, sondern auch in der Elektrodynamik keine Eigenschaften der Erscheinungen entsprechen, sondern daß vielmehr für alle Koordinatensysteme, für welche die mechanischen Gleichungen gelten, auch die gleichen elektrodynamischen und optischen Gesetze gelten, wie dies für die Größen erster Ordnung bereits erwiesen ist. Wir

図2－13　光を伝える媒質と絶対静止の概念（以上下線部）について触れたアインシュタインの論文の一節

〝光を伝える媒質〟に相対的な地球の運動を決定しようとして失敗に終わった試みなどから、力学だけでなく電磁気学においても、絶対静止の概念に合致するような性質を示す現象は存在しないと推測できる。（『C.P.』vol. 2）

「失敗に終わった試み」とは、明らかにマイケルソンとモーレーの実験を指しており、その前に触れられた磁石と導体の相対運動の例を加味すると、電磁気学に頼っても、力学と同様、絶対静止の空間とそれを基準にした地球の絶対運動を決定することはできないと、アインシュタインが考えたことがわかる（図2－13）。

つまり、力学に限らず、一般に物理法則とは押しなべて、互いに一様な相対運動をする観測者にとって完全に同等に成り立つものであるという、アインシュタインの信念がここに現れている。そうなると、いかなる物理現象を観測しても、自分が静止しているのか動いているのかを絶対的に決めることはできないことになる。ニュートンが言った絶対空間を求めることは諦めねばならな

ruhende Körper. Die Einführung eines „Lichtäthers“ wird sich insofern als überflüssig erweisen, als nach der zu entwickelnden Auffassung weder ein mit besonderen Eigenschaften ausgestatteter „absolut ruhender Raum“ eingeführt, noch einem Punkte des leeren Raumes, in welchem elektromagnetische Prozesse stattfinden, ein Geschwindigkeitsvektor zugeordnet wird.

図2－14　エーテルの存在を初めて否定したアインシュタインの1905年の論文の一節

いわけである。

こうした観点に立つと、マクスウェル方程式（電磁気学の法則）から自動的に導き出された光速についても、また然りといえる。アインシュタインは一九〇五年の論文で、「光は真空中を光源の運動状態に依存せず、常に一定の速度Vで伝播する」と述べている（今日、光速はcで表すが、アインシュタインはVと表記している。有名な「$E=mc^2$」の式を提示した論文においても同じである）。したがって、観測者の運動状態にも依存せず、光速はどのような場合でも不変ということになる。

地球と同じ方向に進む光と逆方向に進む光の間に、図2－12のような光速の違い（$c+v$と$c-v$）は現れず、その値は常にcになる。したがって、もはや絶対静止の空間を無理矢理設定する意味はまったくなく、必然的に、光を伝える媒質のエーテルを導入する必要もなくなってしまう（図2－14）。

水の波や音波、弦の定在波などから、波には必ずその振動を担う、何らかの媒質が不可欠という固定観念が、長いこと物理学を拘束してきた。その縛りが強すぎて、柔軟な思考が阻まれていた。それを初めて打ち破り、天動説の残滓ともいえるエーテルに引導を渡したのが、アインシュタインだったのである。

そして、水や空気や弦に相当する媒質がたとえ存在しなくても、電場と磁場はそれ自体が波動となり光速でエネルギーを運ぶことが示されるのである。

相対性理論とは光速絶対性理論

さて、光速度不変の原理を認めると、さらに次々と、我々の素朴な実感、常識から著しくずれた、実に奇妙な結論が提示されることになる。

一般に、速度とは単位時間とその間に移動した距離の比である。つまり、時間と空間の相関になる。ところが、光という特定の対象についての話ではあるものの、速度が不変という足枷(あしかせ)をはめられてしまうと、自ずと、時間と空間の方が絶対的な地位から、観測者の運動状態に関係する相対的な概念に転落してしまう。代わって、絶対的な地位を占めるのは光速になる。立場の入れ替わりが起きる。

その結果、相対性理論の解説書に必ずといってよいほど強調されている、時間の遅れや物体の長さの収縮(立体的にいうと、物体の変形)といった現象が生じる。こうした効果は速度が光速に近づくほど顕著になる。奇妙奇天烈な話であるが、それらもそもそもは、光速が観測者ごとの相対的な概念ではもはやなく、絶対的となってしまったが故の帰結なのである。

そして、光速は決して超えることのできない、あらゆる速度の上限であることが示された。光速で走れるのは、光だけである。それ以外の質量をもつ粒子は、いくらエネルギーを投入されても、光速には達し得ず、光速に近づくにつれ、投入されたエネルギーはもっぱら、粒子の質量の増加に食われてしまう。そのぶん、粒子は〝重く〟なるのである。

ところで、互いに一様な相対運動を行う観測者どうしの間で、マクスウェル方程式が同等に表されるためには、新しい座標変換を導入する必要がある。ところが、それを今度は力学に適用すると、観測者の間で、運動法則に違いが生じてしまう。このずれを修正し、電磁気学と力学に整合性をもたせるにはどうすればよいであろうか。

結論を述べると、物体の速度 v が光速 c に比べてはるかに遅い場合（$v/c\to 0$、我々が感覚で捉えられる世界がこれに当たる）、新しい座標変換は力学のそれに一致するのである。その意味で、後者は前者の近似といえる。つまり、ニュートン力学が記述する運動は光速に比べ、あまりに遅いため、目に見える形で、相対性理論の効果は現れないわけである。リンゴの落下を論ずるのに相対性理論をわざわざ持ち出す必要はなく、ニュートン力学で十分といえる。

同様のことは、座標変換にもとづく速度の合成則にも当てはまることになる（図2－15）。図の中の式にある速度 v、u が光速 c に比べはるかに遅いとき、uv/c^2 は近似的に0になるので、

図2－15　速度の合成則を与える２つの式（小山慶太『光で語る現代物理学』講談社ブルーバックス）

13. *Ist die Trägheit eines Körpers von seinem Energieinhalt abhängig?*
von A. Einstein.

Die Resultate einer jüngst in diesen Annalen von mir publizierten elektrodynamischen Untersuchung 1) führen zu einer sehr interessanten Folgerung, die hier abgeleitet werden soll.

図2－16　1905年の論文「物体の慣性はそのエネルギーに依存するか？」の書き出し　〝極めて興味深い結論〞という言葉が躍る（下線部）。

アインシュタインが指す式は我々が知る速度の合成則に一致する。また、図の下の式にもとづいて、v、uをそれぞれcと置いても、合成速度は$2c$とならず、$V=c$となる。したがって、光を光速で追いかけても、前を行く光はそのまま逃げていく。

アインシュタインが、「自伝」で一六歳の少年時代を回想し、「このパラドックスの中に、特殊相対性理論の萌芽がすでに見られる」と語ったとおりであった。

真理を明らかにする鍵は、まさしく光速にあったわけである。

世界一簡潔で有名な式

その光速cがかかわる、もっとも有名な式が「$E=mc^2$」であろう。中学校の数学の知識で十分理解できるほど簡潔でありながら、光速cの二乗を係数として、エネルギーEと質量mが相互変換性をもつという深遠な真理をつかみ出しているのであるから、驚く他はない。

アインシュタインがこの式を導き出したとき、その興奮ぶりを

Gibt ein Körper die Energie L in Form von Strahlung ab, so verkleinert sich seine Masse um L/V^2. Hierbei ist es offenbar unwesentlich, daß die dem Körper entzogene Energie gerade in Energie der Strahlung übergeht, so daß wir zu der allgemeineren Folgerung geführt werden:

Die Masse eines Körpers ist ein Maß für dessen Energieinhalt; ändert sich die Energie um L, so ändert sich die Masse in demselben Sinne um $L/9.10^{20}$, wenn die Energie in Erg und die Masse in Grammen gemessen wird.

Es ist nicht ausgeschlossen, daß bei Körpern, deren Energieinhalt in hohem Maße veränderlich ist (z. B. bei den Radiumsalzen), eine Prüfung der Theorie gelingen wird.

図2－17　式「$E=mc^2$」のオリジナル版

友人のハビヒトに伝える手紙を第1章で紹介した。同様の高鳴る胸の内が、一九〇五年の論文（表1－1の④）の書き出しにも、「最近、この『アナーレン』で私が発表した電気力学に関する研究の結果から、ここで示すように、極めて興味深い結論が導き出される」と綴られている（図2－16）。〝極めて興味深い〟という表現に、その結論が神をも驚かすほど革新的であるという思いが込められている。

アインシュタインは論文「運動物体の電気力学について」で得られた諸結果とエネルギー保存則から、「物体が光の放射の形でエネルギーLを放出すると、物体の質量はL/V^2だけ減少する」ことを示したのである（図2－17）。このときはまだエネルギーはL、光速はVで表記されているが、これが世界一有名となった式のオリジナル版である。

さらにアインシュタインは物体から持ち去られるエネルギーは限ずしも放射である必要はないとし、次のような一般的な結論を述べている。

物体の質量は、そのエネルギー量の尺度である。エネルギー（単位・エルグ）がLだけ変化したとすれば、質量（単位・グラム）も同じように$L/9\times10^{20}$だけ変化する。エネルギーが多量に変化する物質（たとえばラジウム塩）を用いれば、この理論の正しさを検証することは不可能ではない。（『C.P.』vol. 2）

ここで9×10^{20}という数字は、光速を秒速3×10^{10}センチメートルで表したとき、その二乗の値である（cgs単位系）。ハビヒト宛の手紙にもあったように、アインシュタインは放射性物質の測定によって、自分の理論が確かめられるのではないかと提言している。

一九〇三年、フランスのピエール・キュリーとラボルドが、ラジウムが放射線の発生にともなって放散する熱量を測定している。それによると、一グラムのラジウムは一時間当たり約一〇〇カロリーの熱量を生み出していることが明らかにされている。そして、ラジウムからの熱の放出は数年経っても減少しないようであると述べられている。ここに化学反応では到底、説明のつかない膨大な熱量が連続的に放出されていることが示された。おそらく、アインシュタインはこの実験結果を念頭に置いたのではないかと思う。

放射性元素が生み出す熱の源が、原子核から飛び出してくるアルファ粒子（ヘリウムの原子核）の運動エネルギーであることが突き止められるのは、後の話である。一九〇五年の時点ではまだ、原子の内部構造や原子核の存在すら、知られてはいなかった。そうした段階で、革命的な理論を実証するための具体的な方法まで明示したのであるから、その勇気、大胆さ、自信には、畏（おそ）れ入りましたと、思わず平伏したくなるほどである。

アインシュタインの〝悪夢〟

やがて、$E=mc^2$の正しさは、アインシュタイン自身が示唆した放射性元素の変換過程だけでなく、ミクロの世界の諸現象全般を通して実証されていく。その基盤をつくったのは、一九二〇年代から三〇年代にかけて台頭し、急速な発展を遂げた原子核物理学である。

それでも、ある時まで、核反応を人工的に誘発、制御して、自在に莫大なエネルギーを効率よくつくり出せるなどという話は夢物語で、その実現性は誰も予想していなかった。一九一九年から二〇年にかけて、ドイツの作家モスコフスキーが行ったアインシュタインへのインタビューをまとめた『アインシュタインとの対話』の中で、$E=mc^2$の提唱者自身こう語っている。

現在のところ、このエネルギーがいつ得られるのか、いや、そもそも本当に得られるのかを示すものは全然ありません。というのは、それは原子の崩壊、いわば原子の分割を意のままに引き起こすことを前提としているからです。そしてこれまでのところ、それが可能になることをうかがわせる証拠はほとんどありません。原子の崩壊は、ラジウムの場合のように、自然が自らそれを起こすときのみ観測されるのです。（A・ロビンソン編著、前掲書）

一九二〇年の時点においても、アインシュタインは$E=mc^2$に従って質量がエネルギーに変換されるのは、放射性元素の変換のような自然現象に限られており、人為的にそうしたエネルギー創出の操作を施すことはできないと考えていたことが、うかがえる。

時代はさらに下って一九三七年、第1章で登場したラザフォードが、二〇世紀に入ってから始まった放射能の研究と原子核物理学の発展をまとめた『新しい錬金術』と題する本を著した。その中に、次のような一節がある。

衝突する粒子のエネルギーが増加するにつれ、核反応の効率が上がることは期待できるものの、だからといって、原子から十分なエネルギーを取り出せるとは、とても思えない。一方、遅い中性子がきわめて高い確率である種の元素を変換させることから、一見すると、中性子をぶつければ、核がもっているエネルギーを解放できそうに感じられるかもしれない。しかし、そもそも、なんらかの核反応を利用して中性子を発生させる効率自体が、非常に低い事実を忘れてはならない。したがって、人工的に核から有用なエネルギーを取り出せる見込みは、まずないと言わざるを得ない。(E. Rutherford, "*The Newer Alchemy*", Cambridge University Press)

このとき、原子の構造と原子核の存在はすでに突き止められており、陽子を衝突させる原子核の破壊実験や中性子照射による元素の人工変換も成し遂げられていた。それでも、原子核物理学の大御所ラザフォードにおいてすら、核エネルギーの実用化までは思い至らなかったのである。

この分野の歴史が大きく動くのは、ラザフォードがそう語った翌年の一九三八年になる。この年、ドイツのハーンとシュトラースマンがウランに中性子を照射すると、核分裂が起きることを発見した。

ウランのように重い原子核が中性子の衝撃を受け二つの塊に分裂すると、質量のごく一部が$E=mc^2$に従ってエネルギーに転化される。ごく一部であっても、c^2は大きな値なので、このプロセスで解放されるエネルギーは化学反応に比べて桁違いに大きくなる。したがって、なんらかの方法で核分裂が連鎖反応的に進行すれば、途轍もない量のエネルギーをつくり出すことが可能になる。それはアインシュタインもラザフォードも、夢想だにしなかった現象であった。

アメリカのニューメキシコ州の砂漠で、最初の原子爆弾の実験が行われ、広島、長崎に爆弾が投下されたのは、核分裂の発見から、わずか六年半後のことになる。戦争という不幸な世界情勢が核エネルギーの実用化を急速に促してしまったのである。

ところで、アインシュタイン自身は原子核物理学の研究にいっさい手を染めていないし、況んや、原子爆弾の開発計画にもかかわってはいない。したがって、$E=mc^2$の式を生み出したからといって、原子爆弾に対する責任は何もない（それは、飛行機が墜落するのはニュートンが重力の法則を発見したからだとこじつける、道理の通らない屁理屈に等しいというたとえを、どこかで読んだ記憶があるが、その通りであろう）。

ではあるものの、〝悪魔の兵器〟のエネルギー源が自分が導いた数式で示されるという事実は、アインシュタインにとって生涯、覚めることのない〝悪夢〟であったことと思う。

光の〝変身〟

さて、話を再び一九〇五年に戻そう。

前節までに述べたように、特殊相対性理論のキーワードは光速であることがわかる（光速度の絶対性と$E=mc^2$）。そして、この年、アインシュタインはやはり光に関する重要なもう一編の論文「光の発生と変換に関する発見法的視点について」を発表している（図2－18）。これが後にノーベル賞の授賞対象となった光の粒子性を示す光量子仮説の論文である。

6. *Über einen die Erzeugung und Verwandlung des Lichtes betreffenden heuristischen Gesichtspunkt;*
von A. Einstein.

Zwischen den theoretischen Vorstellungen, welche sich die Physiker über die Gase und andere ponderable Körper gebildet haben, und der Maxwellschen Theorie der elektromagnetischen Prozesse im sogenannten leeren Raume besteht ein tiefgreifender formaler Unterschied. Während wir uns nämlich den Zustand eines Körpers durch die Lagen und Geschwindigkeiten einer zwar sehr großen, jedoch endlichen Anzahl von Atomen und Elektronen für vollkommen bestimmt ansehen, bedienen wir uns zur Bestimmung des elektromagnetischen Zustandes eines Raumes kontinuierlicher räumlicher Funktionen, so daß also eine endliche Anzahl von Größen nicht als genügend anzusehen ist zur vollständigen Festlegung des elektromagnetischen Zustandes eines Raumes. Nach der Maxwellschen Theorie ist bei allen rein elektromagnetischen Erscheinungen, also auch beim Licht, die Energie als kontinuierliche Raumfunktion aufzufassen, während die Energie eines ponderabeln Körpers nach der gegenwärtigen Auffassung der Physiker als eine über die Atome und Elektronen erstreckte Summe darzustellen ist. Die Energie eines ponderabeln Körpers kann nicht in beliebig viele, beliebig kleine Teile zerfallen, während sich die Energie eines von einer punktförmigen Lichtquelle ausgesandten Lichtstrahles nach der Maxwellschen Theorie (oder allgemeiner nach jeder Undulationstheorie) des Lichtes auf ein stets wachsendes Volumen sich kontinuierlich verteilt.

図2－18　1905年の論文「光の発生と変換に関する発見法的視点について」

　こうして見てくると、ニュートンの場合と同様、アインシュタインもまた、無名の時代に、光に関する研究で学界にデビューしたことがよくわかる。それは取りも直さず、光が物理学にとって、いかに重要な研究対象であるかを物語っている。一九三一年、アインシュタインはニュートンの『光学』に寄せた序文に、「この一冊だけで、この無類の人物が自ら行った活動を見る楽しみが味わえる」と書き、光のスペクトル実験の素晴らしさを称えているが（A・ロビンソン編著、前掲書）、これも光の研究を通してニュートンに抱いた共感の現れかもしれない。

　ところで、光量子仮説を提唱した論文のタイトルは日本語に訳してもなかなか難しく、意味がつかみにくいと思われるので、少し注釈を加えておこう。まず、「発見法的視点」であるが、これは従来の固定観念に捉われず、真理（この論文では光の本性）を新しい視点で追究するというニュアンスであろう。若きアインシュタインの心意気が読み取れる。

　次に、「光の発生」とは文字どおりの意味なのであるが、ここでアインシュタインが特に注目したのは熱放射（熱せられた物体がその温度に依存したスペクトルの電磁波を放射する現象）による光の発生である。後述するように、この過程が光の本性に強く影響を及ぼすことが論じられている。

　最後に「変換」であるが、これは論文のタイトルにある“Verwandlung”をそう訳しておいた（図2－18）。このドイツ語、もっとやさしくいえば、「変身」のことである。「仮面ライダー」で主人公が「へ〜ンシ〜ン」と叫びながらポーズをきめると、人間がバッタのような仮面のヒーローの姿に化ける、あの変身である。

で、アインシュタインは光の姿を波（マクスウェル方程式から導き出された電磁波）から粒子に〝変身〟させ、それによって、熱放射や光電効果の実験結果の説明を試みたのである。

ただし、それは単純に〝先祖返り〟をして、ニュートンの粒子説をそのまま復活させたわけではない。そうではなく、光には粒子と波の二つの属性が同時に付与されており、光は物質との相互作用の仕方、つまり刺激の受け方によって、どちらか一方の属性をより顕著に表すとする見方である。それがまさに、「発見法的視点」に他ならない。

このように二者択一を迫るのではなく——従来の論争はその傾向が強かったが——、二つの独立した属性を併存させる捉え方を、「粒子と波の二重性」という。この新しい概念はその後、光だけでなく、電子などミクロの世界全般で成り立つことが明らかにされ、一九二〇年代後半に確立される量子力学の基盤に位置づけられるのである。

そう考えると、「発見法的視点」が物理学の発展にいかに重要な役割を果たしたかが、よくわかる。

光量子仮説の提唱

Es scheint mir nun in der Tat, daß die Beobachtungen über die „schwarze Strahlung", Photolumineszenz, die Erzeugung von Kathodenstrahlen durch ultraviolettes Licht und andere die Erzeugung bez. Verwandlung des Lichtes betreffende Erscheinungsgruppen besser verständlich erscheinen unter der Annahme, daß die Energie des Lichtes diskontinuierlich im Raume verteilt sei. Nach der hier ins Auge zu fassenden Annahme ist bei Ausbreitung eines von einem Punkte ausgehenden Lichtstrahles die Energie nicht kontinuierlich auf größer und größer werdende Räume verteilt, sondern es besteht dieselbe aus einer endlichen Zahl von in Raumpunkten lokalisierten Energiequanten, welche sich bewegen, ohne sich zu teilen und nur als Ganze absorbiert und erzeugt werden können.

図2－19　光の発生と変換（下線部）をエネルギー量子（2つ目の下線部）にもとづいて捉えるとした論文の一節

それでは、アインシュタインが光の中に波動性と粒子性をそれぞれ、どのように思い描いていたのか見てみよう。この点については、論文の中で次のように語られている。

マクスウェルの理論に従うと、電磁場の振動が真空中を光速で伝わっていくわけであるが、こうした光の波動性は、光のエネルギーが空間全体に連続的に広がっているという描像につながる。点光源から放出された光線のエネルギーは、増大しつづける体積の中で連続的に拡散していくことになる。また、回折、干渉、反射、屈折、分散といった光学現象は、継続する時間の中で観測したとき、その時間平均として現れる光の特性といえる。つまり、波動論は光を空間的にも時間的にも連続して分布する実体として記述しているわけであり、それに起因する諸現象をみごとに説明している。

と、このように波動論の利点を述べた後、アインシュタインは、しかし、局所的、瞬間的（空間的、時間的に連続的な分布とはみなせない場合）に起きる現象に波動論を適用しようとすると、実験結果と矛盾してしまうと述べている。そして、その具体的な事例をあげ、こう論じている（図2－19）。

事実、〝黒体放射〟、光ルミネッセンス、紫外線による陰極線の放出、そしてその他の光の発生と変換に関する一連の現象の観測結果は、光のエネルギーが空間に不連続に局在して散らばっていると仮定した方が理解しやすいように思われる。このように仮定すると、点光源から出た光線が空間を伝わるとき、そのエネルギーは伝播するにつれ増大しつづける空間に連続的に拡散されていくのではなく、空間の一点に局在化された有限個のエネルギー量子から成るとみなされる。そのエネルギー量子はそれ以上小さく分割されることなく運動し、ひと塊のまま吸収されたり、発生したりするのである。（『C.P.』 vol. 2）

引用にある黒体放射とは熱放射のことであり、光ルミネッセンスは光がいったん物質に吸収された後、再放出される現象を指している。また、紫外線による陰極線（電子）の放出は光電効果を意味している。

ここに例示した現象に注目した場合は、光は波として空間的に広がり、時間的にも連続して押し寄せてくるものではなく、エネルギーをもち、個数がかぞえられる〝粒子〟（エネルギー量子）として振る舞うと、アインシュタインは考えたのである。これが「光量子仮説」という、光の本性の新しい捉え方に他ならない。

ところで、一般に、二つの説が併立する場合、その論争は、往々にしてそれぞれの考えを主張し合うことに終始しがちである。その結果、時に、牽強付会な議論の応酬に陥りかねない。

しかし、アインシュタインはそうした論法、姿勢は取らなかった。観測される現象、過程に応じて、光はあるときは波動論に従って、また、あるときはエネルギー量子として記述されるという二重性を提示したのである。

従来、波を扱うのは波動方程式、粒子の運動はニュートンの運動方程式と、両者は完全に棲み分けがなされてきた（だからこそ、それぞれの説を互いに主張し合うという状況が、長らくつづいたのである）。若き天才の柔軟な頭脳は両者を融合した、光のまったく新しい本性を描き出したのである。

さて、一九〇五年の論文では、さきほど例示された光の発生と変換の現象が個別に詳しく論じられているが、ここでは、黒体放射（熱放射）と光電効果について、その要点を見てみよう。

光はエネルギーをもつ粒子

前節で触れた「エネルギー量子」（Energie-quant）という概念は一九〇〇年、ドイツのプランクによって提唱された。ここで、量子の〝量〟とは物理量（エネルギー、運動量、角運動量など）を、〝子〟は粒子を表している。つまり、物理量がある塊を単位にして存在するというわけである。塊になると、それは一個、二個、三個……とかぞえられるので、その値は、不連続に変化することになる。引用したアインシュタインの論文の一節にもあるように、塊がそれ以上分割できないとすれば、物理量の値は一・八個とか二・三個という半端な数にならないからである（こうした物理量の変化を、離散的とよく表現する）。

さて、プランクがエネルギー量子を提唱した一九世紀末、熱放射によって物体から発生する電磁波のスペクトル（波長に対するエネルギー分布）を測定すると、電磁気学や熱力学にもとづいて計算した理論式に一致しないことが知られていた。つまり、熱せられた物体が温度に依存したスペクトルの電磁波を出すという、一見さもない現象を説明する上で、電磁気学も熱力学もそのままでは役に立たなかったのである。これは、一九世紀末の物理学が抱える大きな難問であった。これを解決したのが、プランクになる。

ここで、熱放射の測定方法について簡単に述べておこう。壁に囲まれ、外界と遮断された空洞のある炉を加熱すると、炉の内壁から空洞内に電磁波が放射される。放射された電磁波は全波長にわたって再び内壁に吸収される（それでこの現象を黒体放射という）。その際、温度を一定に保っておくと、放射と吸収のバランスがとれ、平衡状態が生じる。

平衡に達すると、空洞内の電磁波は（理想的には）内壁の温度だけに依存したスペクトルを示す。そこで、炉に小さな窓をあけ、そこから漏れ出てくる電磁波を測定すれば、空洞内のスペクトルがわかるというのがその実験原理である。

ところが、いま述べたように、測定結果は計算式と食い違ってしまっていたのである。こうして袋小路に入り込んでいた状況の中、プランクは次のように考えた。

まず、熱放射は多数の微小な電磁的振動体から発せられるとし、振動数ν（ニュー）の振動体のエネルギーEは$h\nu$を単位（塊）として、その整数倍の値（$h\nu, 2h\nu, 3h\nu, \cdots, nh\nu$）しか取り得ないと仮定した。これを「量子仮説」という。（ここで、hはプランク定数と呼ばれ、プランクによるとその値は6・55×10^{-27}エルグ・秒になる）。この段階では、微小な振動体が具体的に何なのかは明示されていない。加えて、エネルギーが連続的に変化せず、$h\nu$を単位にとびとびの値しか許されない物理的な理由についても、不明のままであった。

ただ、とにかく、そう仮定したのである。そして、このように仮定した上で熱力学にもとづいて、熱放射のスペクトルを計算すると——不思議なことに——、導き出された式（プランクの放射公式）は、測定データとの一致を見たのである。

当時の物理学の常識に従えば、エネルギーに限らず、一般に物理量は連続的に変化し、任意の値が許されるべきものであった。したがって、エネルギーの値に禁止領域が設けられ、制限を受けるというのは不可解な話であった。

当時、製鉄の工程に見られるさまざまな高温作業や電灯照明の普及などから、温度と熱放射のスペクトルの関係は、実用的な要請からも重要な問題であっただけに、測定と一致する公式が求められたことは、ひとまず、めでたしといえる。プランクの放射公式は結果オーライではあった。しかし、一致を得んがために強引に導入された感のある量子仮説の物理的意味とエネルギー量子の実体は何かという、新たな難問が生じたのである。プランク自身が一番、提唱した仮説と既存の物理学との乖離（かいり）に戸惑いを覚えていたというのが、当時の状況であった。

そうした中、アインシュタインの一九〇五年の論文が発表されたわけである。アインシュタインは、熱放射で発生、吸収される振動数 ν の光を $h\nu$ のエネルギーをもつ粒子とみなした。つまり、この場合、電磁放射はエネルギー量子 $h\nu$ の集団——気体が分子の集団から成るように——であると考え、プランクの仮説に物理的な意味づけを行ったのである。

このように、光を振動数 ν に対応するエネルギーの粒子として扱うとき、アインシュタインはこれを光量子（Lichtquant）と名づけた。そして、光量子という新しい概念を導入すると、波動論には適合しにくい光電効果の現象がみごとに説明できることを、一九〇五年の論文で示したのである（なお、光量子は今日、単に「光子（フォトン）」と表現されることが多いので、本書では以下、これにならうことにする）。

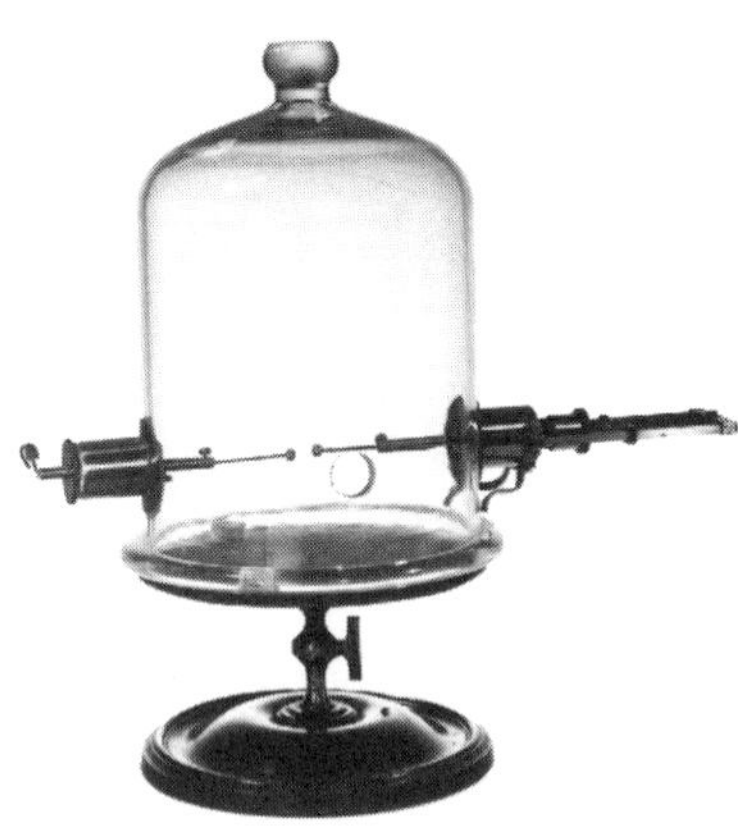

図2－20　ヘルツが光電効果を発見した火花放電の装置（A・ロビンソン編著、前掲書より）

光量子仮説と相対性理論の対比

光電効果発見のきっかけをつくったのは、電磁波の検出実験に取り組んでいたヘルツである。一八八七年ころ、ヘルツは火花放電を起こす電極の間に紫外線を当てると、火花が明るくなることに気がついた（図2－20）。

その後、この現象に注目し、実験を継承したのが、ヘルツの助手をしていたレーナルトになる（ヘルツは敗血症を患い、一八九四年、三六歳の若さで夭折してしまった）。レーナルトは紫外線のように高い振動数の光を金属に当てると、その表面から電子（当時の表現に従えば、う。

陰極線）が叩き出されることを確認した。これが光電効果であり、発生する電子を光電子とい

アインシュタインが一九〇五年の論文に、光の粒子性の事例としてあげた「紫外線による陰極線の放出」とは、まさにこの現象を指している。また、結婚前、最初の妻となるミレヴァに宛てた手紙（一九〇一年五月二八日ころ）の中ですでに、アインシュタインはこう書いている。「ちょうどいま、紫外線による陰極線の発生に関するレーナルトの素晴らしい論文を読んだところです。このみごとな作品に感銘を受け、幸せと喜びでいっぱいです。是非とも、この思いをあなたと分かち合わねばと思います」（『C.P.』vol. 1）。

相対性理論は、力学と電磁気学の間で物理法則の成り立ち方に整合性が見られないという、純粋理論的な疑問を出発点とし、それを修正する過程を通して構築された。論文「運動物体の電気力学について」の中で、マイケルソンとモーレーの実験を示唆したと思われる一節は確かにあるが、かといって、エーテルに対する地球の相対運動の検出に失敗した結果を説明するためだけに、相対性理論が発表されたわけではなかった。相対性理論はこうした個別の実験結果に解釈を与えるという特定の視座に立って生まれたものではなく、物理学の根本にかかわる問題意識の中で芽生えたわけである。

これに対し、同じ年に発表された光量子仮説は、熱放射と光電効果という、当時の物理学がそ

の解釈に手を焼いていた実験結果に注目して生まれたことがわかる。奇跡の年に提唱された革命的な二つの理論には、その成立の経緯に目を向けると、こうした性質の違いがあったのである。

光電効果の理論

ところで、光電効果には次のような顕著で興味深い、定量的な特徴が知られていた。

（1）光電子が飛び出てくるには、当てる光の振動数νが、金属の種類によって決まるある値ν_0以上でなければならない。それ以下の振動数では、いくら光の強度Iを上げても、光電効果は起きない。

（2）ν_0より高い振動数νの光を当てたとき、飛び出てくる光電子の数nは光の強度Iに比例して増加する（図2－21）。

（3）光電子の運動エネルギーの最大値Kは、光の振動数νが高くなるにつれて大きくなる（図2－22）。

金属内にある電子は電気的なポテンシャルの中に閉じ込められており、そのままでは表面から外へ出てこられない。ポテンシャル障壁には金属の種類ごとに決まる一定の高さW（これを仕事関数という）がある。そのため、光電子を発生させるには、金属内の電子にW以上のエネルギーを与え、障壁を跳び越えさせねばならない。

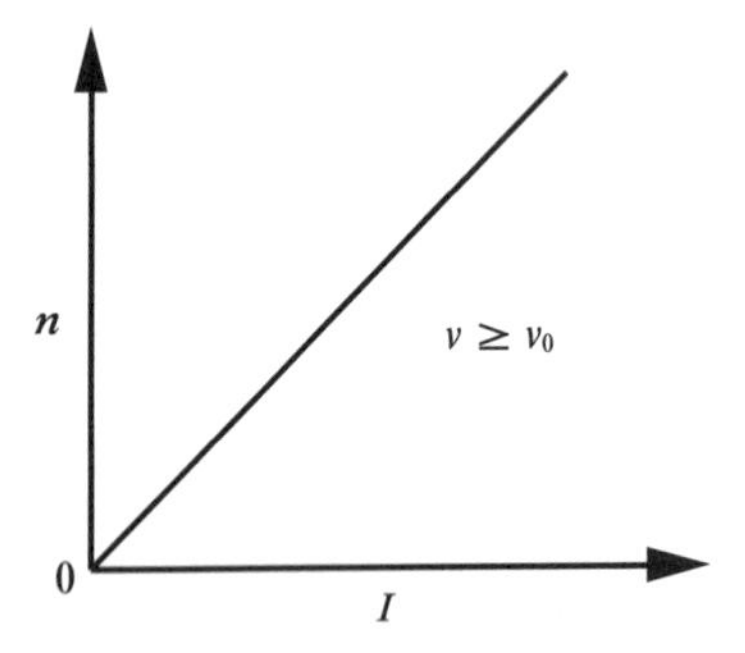

図2－21　光の強度Iと光電子の個数n

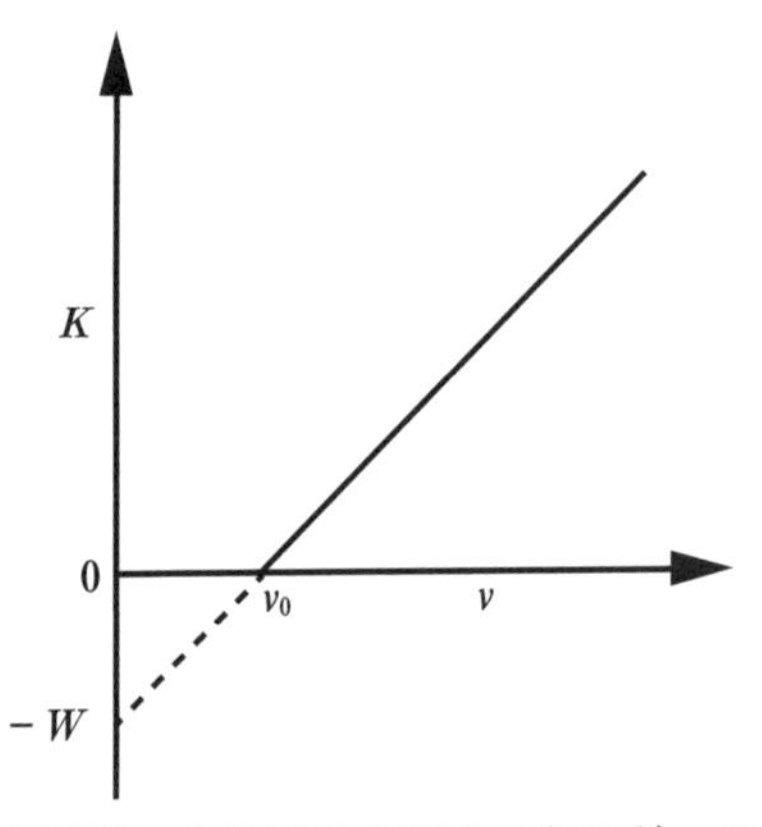

図2－22　振動数νと光電子の運動エネルギーK、Wは仕事関数

このとき、波動論に従うと、光は空間的に広がった電磁波としてやってくるので、電子と相互作用しても、エネルギーのごく一部しか電子に渡されず、障壁をのり越えるほどのインパクトは生じない。たとえてみれば、浜辺にある石に、海岸線に沿って広がる波が打ち寄せても、エネルギーが連続的に分布しているので、波は石を動かすことなく、そのまま通り過ぎていくのと同じである。

ところが、海岸線に広がる波の全エネルギーを一点に集め、弾丸のようにして石に当てれば、石ははじき飛ばされる。アインシュタインが一九〇五年の論文で光量子に託したイメージは、そういうことである。

振動数νの光子（光量子）が金属に侵入し、そのエネルギー$h\nu$をすべて、一個の電子に手渡したとすると、電子は$h\nu$の運動エネルギーを得て金属表面に到達する（その間に運動エネルギーの一部は失うであろうが）。そして、表面に達したとき、電子の運動エネルギーがポテンシャル障壁の高さWを上まわっていれば、光電子となって検出されるわけである。

この場合、当てる光の強度を上げると光子の数がふえるので、それにつれ、叩き出される光電子の数も増加する（図2－21）。また、振動数νが高くなれば、電子が受け取るエネルギー$h\nu$も大きくなるので、光電子の運動エネルギーKの最大値も増加するという次第である（図2－22）。

一方、振動数がν_0よりも低いと、電子が光子から受け渡されるエネルギーがポテンシャルの束縛を振り切るだけの力がないため、光の強度をいくら上げても（ぶつかる光子の数をいくらふやしても）、光電子は観測されないことになる。こうして、波動論には収まらなかった光電効果は、光の粒子性によって説明がつけられたのである。

再び〝奇跡の年〟について

それから四年後の一九〇九年、アインシュタインはザルツブルクで開催されたドイツ自然科学者医学者学会において、「放射の本質と構造に関する見解の発展について」と題する論文を発表し、光の波動説と粒子説についてのまとめを行っている（図2－23）。

その導入部分で、アインシュタインはまず、干渉と回折の現象から光は波動と理解され、それを伝える媒質としてエーテルの存在が疑われることはなかったという、一九世紀の物理観に触れている。それを受け、二〇世紀に入るや否や、この問題に大きな変革が生じた様子を次のように語っている。

しかし、今日では、エーテル仮説を前提にして光の伝播を解釈する立場は捨て去られたとみなすべきである。むしろ、波動論よりもニュートンの光の放出理論の観点に立った方が理解しやすい。ある種の基本的な性質が光に認められることを示す、放射に関連した一連の事実があ

Über die Entwickelung unserer Anschauungen über das Wesen und die Konstitution der Strahlung;
von A. Einstein.

(Vorgetragen in der Sitzung der physikalischen Abteilung der 81. Versammlung Deutscher Naturforscher und Ärzte zu Salzburg am 21. September 1909.)

(Vgl. oben S. 417.)

Heute aber müssen wir wohl die Ätherhypothese als einen überwundenen Standpunkt ansehen. Es ist sogar unleugbar, daß es eine ausgedehnte Gruppe von die Strahlung betreffenden Tatsachen gibt, welche zeigen, daß dem Lichte gewisse fundamentale Eigenschaften zukommen, die sich weit eher vom Standpunkte der NEWTONschen Emissionstheorie des Lichtes als vom Standpunkte der Undulationstheorie begreifen lassen. Deshalb ist es meine Meinung, daß die nächste Phase der Entwickelung der theoretischen Physik uns eine Theorie des Lichtes bringen wird, welche sich als eine Art Verschmelzung von Undulations- und Emissionstheorie des Lichtes auffassen läßt. Diese Meinung zu

図2－23　1909年の論文タイトルとニュートンの光の放出理論（下線部）を引き合いに出した一節

ることは明白である。したがって、理論物理学の次の発展段階において、波動論と光の放出理論の一種の融合をはかれる光の理論が提示されるであろうというのが、私の考えである。(『C. P.』vol. 2)

ここに開陳されたアインシュタインの大胆かつ革新的な予想はやがて、実現されることになる。さらに、「粒子と波の二重性」は光だけでなく、電子（一般に質量をもつ粒子）においても成り立つことが理論、実験の両面から実証されるに至る。さきほど触れたように、二者択一ではなく、両者を融合させた二重性は人間の五官で捉えられるマクロの世界には見られない、ミクロの世界特有の概念であり、それを基盤として、量子力学という新しい物理学が誕生するのである。

シュレディンガー方程式もハイゼンベルクの不確定性原理も場の量子論もすべては、この二重性に起因している。その意味で、一九〇五年の光の発生と変換の論文は単に光の本性を追究しただけでなく、目に見えない世界の常識を超えた不思議な特性を炙り出すきっかけを与え、量子力学構築の出発点となったのである。

そう考えると、たった一人の人間が特殊相対性理論だけでなく光量子仮説の論文まで発表した一九〇五年は、物理学史上、至上の〝奇跡の年〟であることがあらためてよくわかる。

アインシュタインの量子力学批判

ところが、その後、歴史は意外な展開をみせる。ボーア、ゾンマーフェルト、ドゥ・ブローイ、ハイゼンベルク、シュレディンガー、ボルンなどの手によって、量子力学が確立、発展していくにつれ、アインシュタインは多くの物理学者とは異なる道を歩み始めるのである。

よく知られるとおり、量子力学が内包する確率的（統計的）解釈に対し、アインシュタインは強い違和感を拭いきれなかったからである。確率的解釈も元はといえば、粒子と波の二重性から派生した結果であることを考えると、皮肉な話といえる。

二〇世紀に入るまで、ある系の初期状態（全粒子の位置と速度）がわかれば、任意の時刻における系の状態はニュートン力学によって計算できるとする考え方が、物理学の原理であった。つまり、原因によって結果は一意的に決定されるとする自然観が盤石(ばんじゃく)なものとして出来上がっていた。

ところが、ミクロの世界ではもはや、こうした力学的決定論は成り立たず、結果は確率的にしか論じられないとする量子力学の解釈を、アインシュタインは生涯、批判しつづけることになる。アインシュタインは、物理学とは力学的決定論に従う学問であり、量子力学に確率的解釈が入り込むのは、それがまだ未完成な理論の証拠であると考えた。何か重要な一片(ピース)が欠けているからだというわけである。そのピースがいつか見つかれば、量子力学もニュートン力学と同様、決定論を取り戻すはずだというのが、アインシュタインの信念であった。

アインシュタインはこの問題について、多くの物理学者と論争を繰り広げているが、中でも親友のボルンとは一九一六年から亡くなる一九五五年

図2－24　ボルン
（Nobelprize.orgより）

まで四〇年近くにわたって、手紙を通し、議論をつづけてきた（図2－24）。ボルンは一九五四年、「波動関数の統計的解釈」によってノーベル物理学賞を受けたことからもわかるように、アインシュタインとは対立する陣営の旗手であった。こうした二人の大物が交わした手紙は『アインシュタイン・ボルン　往復書簡集』（西義之他訳、三修社）としてまとめられている。それによると、一九二六年、アインシュタインは早くも、ボルンに宛て次のような考えを述べている。

量子力学の成果はたしかに刮目（かつもく）に価します。ただ、私の内なる声に従えば、やはりどうしても本物ではありません。量子論のもたらすところは大なのですが、われわれを神の秘密に一歩とて近づけてくれないのです。いずれにしろ、神はサイコロばくちをしない、と確信しています。

「神はサイコロ遊びをしない」というアインシュタインの有名な言葉のルーツが、ここに見られる。そして、この信念は終生、揺らぐことはなかった。一九四四年には、やはりボルンに宛てこう書いている。「量子論が最初のうち大成功を収めたからといっても、私はサイコロ遊びを信ずる気にはなれません」。

こうした信念に凝り固まった考えを決して放棄しなかったアインシュタインは、物理学の主流から徐々に距離を置き、孤立感を深めていくことになる。アインシュタインがどうしてここまでかたくなに量子力学の確率的解釈を斥け、ニュートン力学が示す決定論への回帰を願ったのかは謎である（ボルンはこの点を、「底にある哲学的見解の相違」と表現している）。

謎ではあるが、それもまた、孤独な研究環境の中で一人、〝奇跡の年〟をつくり出し、物理学に革命をもたらしたアインシュタインらしい生き方といえるのかもしれない。

第3章　重力——統一への指向

カントとコペルニクス

「コペルニクス的転回」という言葉がある。発想の転換をはかると、ものの見方、考え方ががらりと変わり、真実が捉えられることのたとえである。言葉の由来は、コペルニクスが『天球の回転について』（一五四三年）の中で唱えた地動説（太陽中心の宇宙体系）にあるが、こういう形容を用いたのはコペルニクス本人ではなく、ドイツの哲学者カントである。

カントは一七八一年に著した『純粋理性批判』において、従来、とられていた主観（意識）と対象の関係を転換し、新しい認識論を展開した。その際、自説の斬新さとそれ故（ゆえ）の論理の明晰さを強調するため、天動説（地球中心の宇宙体系）を否定し、地動説を唱えたコペルニクスの考えを引き合いに出したのである。つまり、コペルニクス的転回という表現の仕方は、いわば『純粋理性批判』をPRするためカントが用いた惹句（キャッチ・フレーズ）であった。

カントがこの書物を世に問うたのは、ニュートンが『プリンキピア』（一六八七年）によって力学の基礎を築いてから、ほぼ一〇〇年後のことになる。その間に、微積分法の発展と相俟（あいま）って、力学は高度に洗練化され汎用性の高い理論体系へと昇華し、科学の規範と目されるようになっていた。

カントの時代に立って歴史を振り返ると、コペルニクスが唱えた地動説がガリレオ、ケプラー、デカルトらに受け継がれ、ニュートン力学の誕生へとつながり、さらにそれが一八世紀の数学の進歩に後押しされ、解析力学や天体力学へと発展するに至ったという、近代科学形成の構造がすでに出来上がっていた。したがって、そうした歴史のメインストリームの源流に位置づけられていた地動説は、古代・中世の旧弊な自然観を転換させ、近代科学の黎明（れいめい）を告げる象徴とみなされていたのである。

だからこそ、カントは認識論に関する自説の価値をアピールするため、それをコペルニクス的転回と称したのであろう。

しかし、近代科学の黎明期にあらためて目を向けてみると、話はそれほど単純ではなく、ステロタイプな型に押し込められるものではないことがわかる。

真の意味で〝コペルニクス的転回〟と形容できるのは、つまり自然観（宇宙観）に根本的な転換をもたらしたのは――カントにはわるいが――地動説よりもむしろ、ケプラーが導き出した惑星の運動に関する法則（ケプラーの法則）の方であった。

あるいは、こういえばわかりやすいかもしれない。コペルニクスが地動説を発表した段階ではまだ、力学が誕生する気運、条件は醸成されていなかった。ニュートンが重力の法則を発見し、力学を創設する直接の引き金となったのは実は、ケプラーの法則だったのである。ケプラーがいなければ、リンゴの逸話も生まれなかったのである。

地動説は天動説の相似形

それでは、ここでまず、コペルニクスが描いた地動説の図を見てみよう（図3－1）。太陽（Sol）を中心にして、そのまわりを水星から土星までの惑星が回転しており、一番外側には星座を構成する恒星の天球が配置されている。地球（Terra）は月（D）を従えて、内側から三つ目の軌道をまわっている。

地球が宇宙の中心に静止せず、他の惑星と同様、動いている点に注目すれば、確かにそれは〝驚天動地〟の大転換といえる。そのため、コペルニクスについて論ずるとき、このことばかりに関心が向いてしまう。その結果、もうひとつ重要な事柄が往々にして見落とされがちになる（カントもそれを見落とした一人）。

それは等速円運動を行う惑星の軌道である。図3－1に描かれたように、同心円を形成する軌道上を惑星がそれぞれ一定速度で回転するという宇宙の構図は、古代ギリシアに起源をもつ天動説の原型である（コペルニクスの時代、惑星が示す見かけ上の不規則な動きを記述するのに、複数の円運動を合成する手法が取られていたため、天動説の体系は複雑化していたが、その基本理念はあくまでも等速円運動であった）。

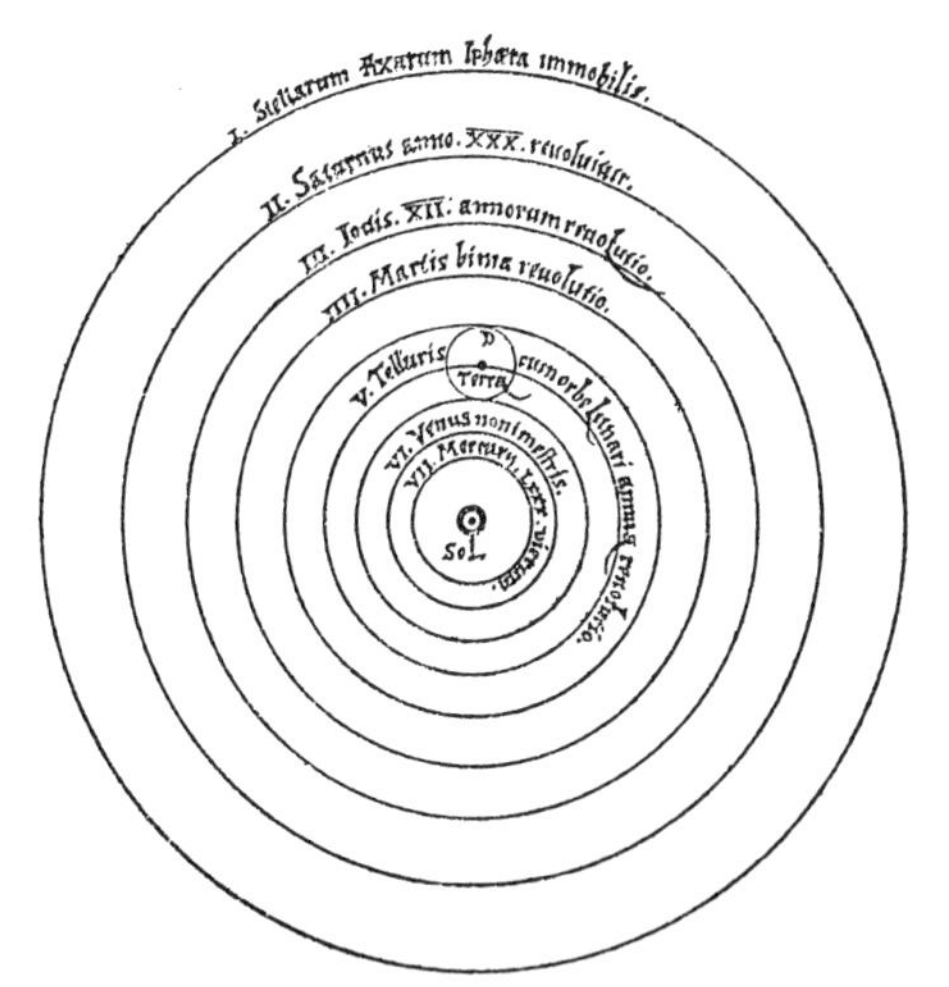

図3－1　コペルニクスの宇宙体系（『天体の回転について』岩波文庫より）

つまり、中心に位置するものではなく、惑星の軌道の形と速度に注目すると、コペルニクスの地動説は天動説の基本理念をそのまま継承していたのである。実際、地球と太陽の位置を入れ替えると、図3－1は天動説の原型（地球を中心にした同心円の体系）と相似形になる。

天動説が生まれた古代ギリシアの自然観の基盤にある概念は、美と調和である。図形の中でもっとも対称性の高い円は、その象徴であった。また、天体が等速で回転するのは、それが調和の極みに達しているからこそ、速度に変化が生じることなく、同じ状態が持続すると考えられていた。

つまり、天体が示す等速円運動は何かの作用によって引き起こされるのではなく、それがもつ本性に従って行われる自然運動とみなされたのである。そうなると、天体を動かすのに何らかの力——具体的には重力——が働いているのではないかという疑問、発想が、そもそも湧いてこない。力学が芽生える土壌が、初めからないのである。

地動説が唱えられ、宇宙の中心を占めるものが地球から太陽に入れ替わっても、天体が等速で円軌道を描いて運動するという捉え方が温存される限り、こうした状況は何も変わらなかった。この点に関していえば、〝コペルニクス的転回〟は起きなかったのである。

円という呪縛

近代に入ってもなお、等速円運動を自然運動とみなす考え——いわば、天動説の〝遺産〟——が、いかに根強く残っていたかを物語る話が、一六三二年にガリレオが著した『天文対話』に載っている。この本の中で、ガリレオは慣性の概念の説明を行っているのであるが、そこでは次のような論法が取られている。

斜面に球を置いて手を離すと、球は加速しながらころがり落ちていく。加速の仕方は、傾斜が急なほど大きい（図3－2(a)）。一方、斜面に沿って上方に球をはじくと、速度は徐々に遅くな

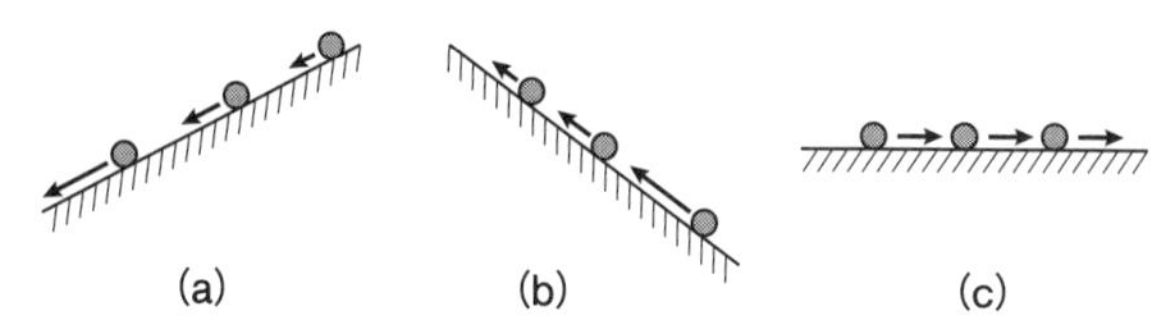

図3－2　斜面と水平面での運動

る。減速の仕方は、球をはじく衝撃と傾斜に依存する（図3－2(b)）。

　と、ここまで、よく目にする光景を述べた後、ガリレオは「では、水平面で球をはじいたら、さて、どうなるか？」と問い掛けている。そして、水平面では加速の原因も減速の原因もないので、両方ともないとなれば、外から作用が働かない限り、球ははじかれたときの運動状態をそのまま持続する他はないと説明している。同じ方向に等速で動きつづけるというわけである（図3－2(c)）。

　ガリレオがなぜ、わざわざ、こういう記述をしたかというと、当時は、一般に物体が運動しつづけるためには、外から絶えず作用を及ぼす必要があると信じられていたからである。たとえば、水平面で球をはじいても、球は徐々に速度を落とし、やがて止まってしまう。しかし、これは、球が面との摩擦や空気抵抗を受けるからであって、こうした阻害要因を除外すれば、物体には同じ速度で同じ方向に動きつづける性質、つまり慣性が備わっていると、ガリレオは指摘したのである。

　このようにして、ガリレオは初めて慣性の概念を提示したわけであるが、そこには但し書きがついていた。

水平面は局所的には平らであるが、それは地球という巨大な球の一部を切り取ったものである。したがって、ガリレオが想定した慣性とは、等速直線運動の持続ではなく、〝等速円運動〟であった。あのガリレオですら、円軌道が力が働かなくても生じる自然運動の道筋であると考えていたのである。このままではやはり、力学が生まれる環境は整わないことになる。

因みに、慣性を等速直線運動と結びつけたのはデカルトである。一六四四年に刊行された『哲学原理』の中で、デカルトは「一度動かされた物体は曲線的にではなく、直線的にのみ動きつづける」と述べ、正しい慣性の法則を明示した。後にそれがニュートンの『プリンキピア』に、「運動の第一法則」として包摂されていくのである。

円から楕円への飛躍

さて、望遠鏡がまだ発明されていなかった一六世紀末、当代一の天文観測家としてヨーロッパ中に名を馳せていたのが、デンマークの貴族ティコ・ブラーエである。ブラーエは自分の領地であるヴェーン島のウラニボルク城（図3－3）に設置した天文台（図3－4）で、肉眼による観測ながら、測定誤差が角度にしてわずか二分程度という高い精度で星の位置を記録しつづけていた（図は二枚とも、Tycho Brahe, "*Astronomiæ Instauratæ Mechanica*", 1598より）。

その後、ヨーロッパ各地を逍遥したブラーエは一五九九年、神聖ローマ帝国の首都プラハに落

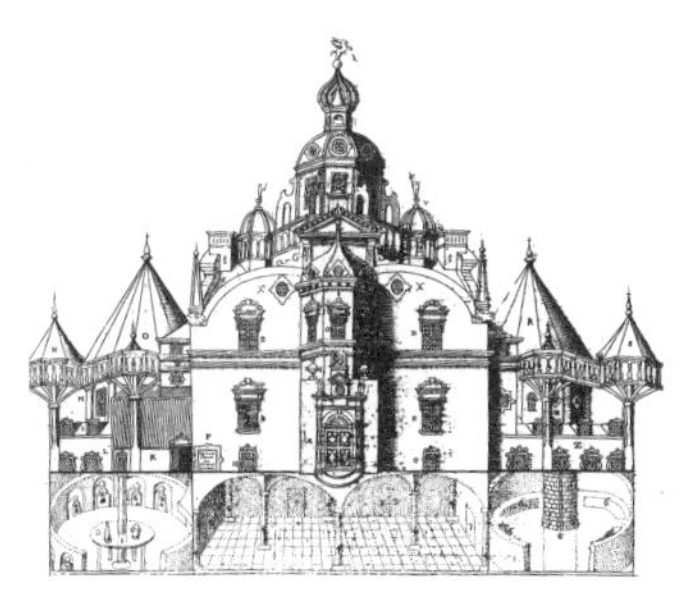

図3－3　ウラニボルク城

図3－4　ブラーエの天文台　壁に取りつけられた弧状の測定器を使って、小窓（左上）から見える星の位置を助手（右端中央）が観測。そのデータをブラーエ（左下）が記録している。中央で小窓を指さすブラーエと犬や背景は測定器の内側に描かれた絵。

ち着き、皇帝ルドルフII世の宮廷天文官として召し抱えられた。翌一六〇〇年、ブラーエの名声に引かれ、ケプラーはプラハを訪れ、二人は出会うことになる。これは希代の観測家と理論家の運命的な出会いであった。

それからわずか一年でブラーエは急逝するが、後には膨大な量に及ぶ惑星の精密な観測データが遺された。ブラーエの後任として宮廷天文官となったケプラーが、〝宝の山〟であったブラーエの遺産を受け継ぐのである。

ところが、宝の山とはいっても、そこから惑星の正確な軌道の形を描き出すことは至難の業であった。というのも、そもそもブラーエは地動説を受け入れてはおらず、宇宙の中心を占めるのは相変わらず、地球であったからである。ただし、惑星はすべて、地球の周りをまわる太陽を中心にして円運動を行うと考えていたのであるから、一種の折衷案のような、ややこしい体系である。

したがって、地動説の立場を取っていたケプラーとブラーエでは、星を見る視点が異なっていたことになる。そうなると、ケプラーは生データの山と格闘しながら、折衷案の視点から地動説の視点に座標変換を試みなければならなかった。

その突破口となったのは火星である。ケプラーはブラーエのデータを使って、太陽—地球—火星を頂点とする三角形をつくり、時間ごとに変化する三角形の形をたどると、火星と太陽の距離は一定ではないこと、つまり、円軌道からずれていることに気がついた。また、それにともない、火星は太陽に近づくと速く、遠ざかると遅く動くことに思い至った。等速ではなかったわけである。

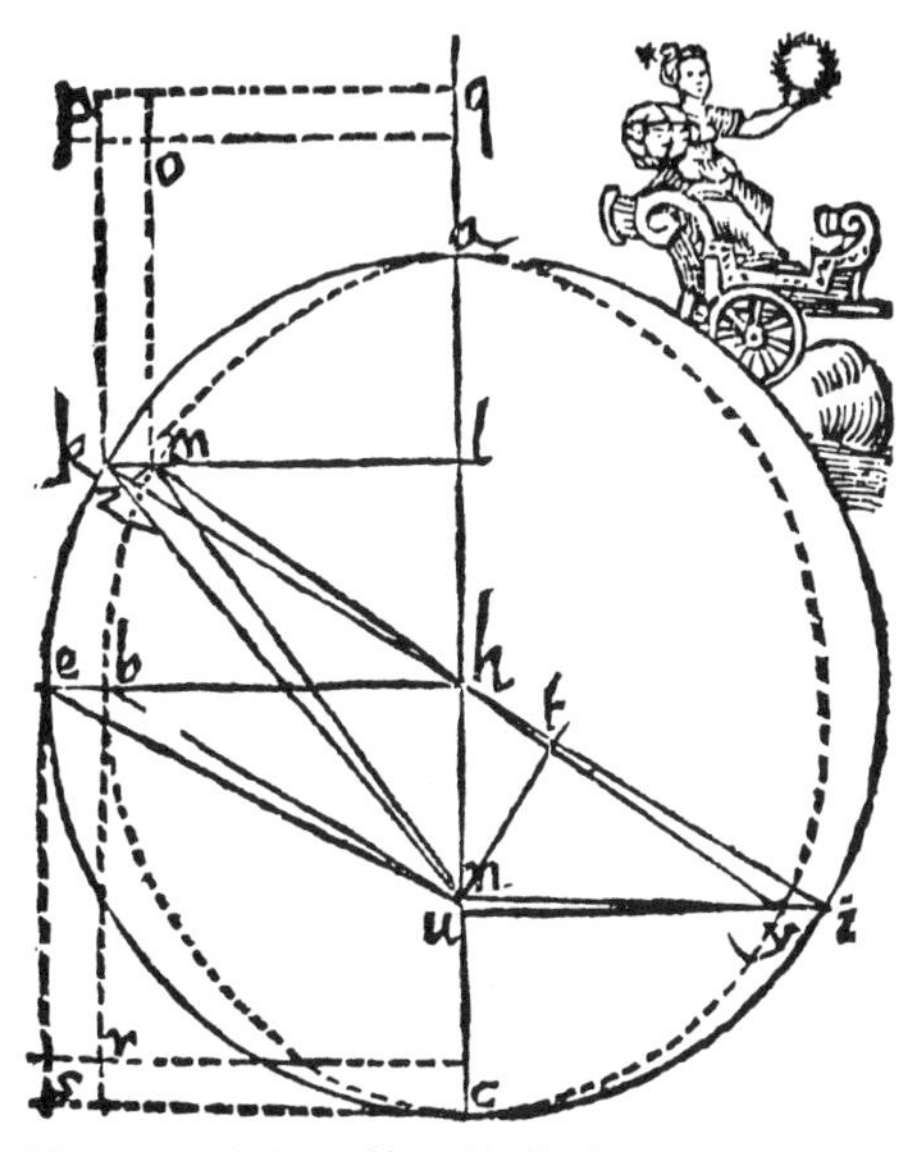

図3-5　火星の楕円軌道（実線の内に内接する破線の図形。"*Astronomia Nova*"より）

そこで、次に軌道の形が問題になる。初め、ケプラーは卵形の図形を想定したが、ブラーエのデータとの一致を見出すことができず、悪戦苦闘の末、ついに楕円軌道にたどりつくのである（図3-5）。さらに、他の惑星も火星と同じ運動の特徴を示すことが明らかにされた。ここに、古代・中世から近代の初めまで、宇宙観を支配してきた〝円の呪縛〟が、ついに断ち切られた。

以上の成果は、一六〇九年、

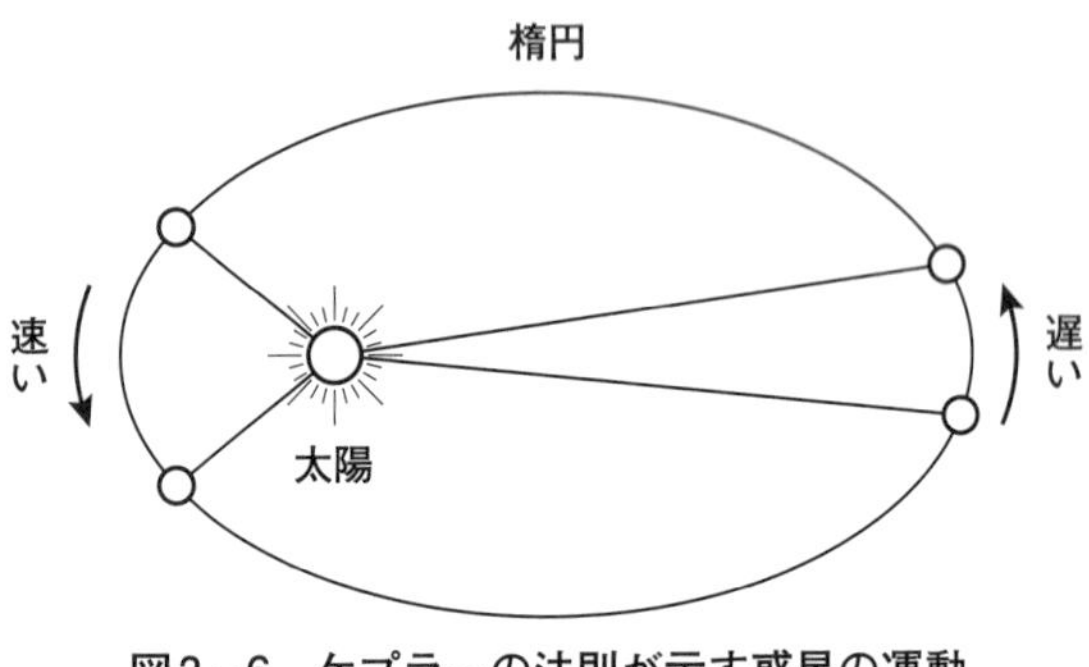

図3－6　ケプラーの法則が示す惑星の運動

『新天文学』（“*Astronomia Nova*”）を通して発表された。その内容は今日、物理の教科書では次のようにまとめられている（図3－6）。

（1）すべての惑星は、太陽を焦点のひとつとする楕円上を運動する。

（2）太陽と惑星を結ぶ線分が等しい時間に描く扇形の面積は一定である。

なお、発見された順番はいま述べたように、法則（1）よりも（2）の方が先になる。

さらに、その一〇年後（一六一九年）、ケプラーは『宇宙の調和』を著し、三つ目の法則をこう追加した。

（3）惑星の公転周期の二乗は、楕円軌道の長径の三乗に比例する。

これら三つが、「ケプラーの法則」として知られる、惑星運動の規則性である。そして、コペルニクスではなく、ケプラーの法則こそがニュートン力学誕生の〝陣痛促進剤〟となったのである。

ニュートン力学への助走

〝円の呪縛〟が解けると自ずと、「惑星の軌道は円ではなく、どうして、よりにもよって楕円なのか?」という疑問が湧いてくる。

PHILOSOPHIÆ
NATURALIS
PRINCIPIA
MATHEMATICA

Autore J S. NEWTON, Trin. Coll. Cantab. Soc. Matheseos
Professore Lucasiano, & Societatis Regalis Sodali.

IMPRIMATUR
S. PEPYS, Reg. Soc. PRÆSES.
Julii 5. 1686.

LONDINI,
Jussu Societatis Regiæ ac Typis Josephi Streater. Prostat apud
plures Bibliopolas. Anno MDCLXXXVII.

図3-7 『プリンキピア』の表紙
中央からやや下に、王立協会会長ピープス（第1章で紹介した「日記」の作者）の名前が刻まれている。

同時に、惑星の動きは等速ではなく、太陽からの距離に反比例して遅速の変化があるとなると、これまた、「どうして?」という疑問が生じる。

そこから、惑星は天動説が語るような自然運動を行っているのではなく、太陽からの距離に依存した、なんらかの作用を受けて、公転しているのではないかと推測されるようになるのは自然の流れであった。こうして、力学が生まれ、重力の法則が発見される土壌がつくられた。

ケプラー自身も、惑星の運動は太陽による影響に支配されているらしいことは気がついていたが、それを理論的に説明できるまでには至らなかった。後世の人間に宿題を残し、その解決を託したわけである。

その宿題を解いたのが、一六八七年、ニュートンが著した『プリンキピア』（自然哲学の数学的原理。図3－7）になる。

宿題を解いたニュートン

ニュートンは『プリンキピア』でまず最初に、扱う物理量の定義と運動の三法則（慣性の法則、加えた力と物体の運動の変化の関係を与える法則――いわゆる運動方程式、そして作用反作用の法則）を掲げている。つづいて、本論の部分は「物体の運動」、「抵抗を及ぼす媒質内での物体の運動」、「世界体系」の三編から構成されている。

この中で、ケプラーの宿題を解き、重力の法則を導き出すのが、第Ⅰ編「物体の運動」になる。

ここでは、求心力のもとでの運動が論じられている。求心力とは、物体に働く力の方向が常に一点（中心）を指す力のことで、惑星の運動でいえば、太陽がこの中心に当たる。

その第Ⅰ編、第Ⅱ章でニュートンは次のように書いている（以下、引用と本章末コラムの図は『プリンシピア』中野猿人訳・注、講談社による）。

命題1「公転する物体が、力の不動の中心にひかれた径によって描く面積は、同じ不動の平面内にあって、それらが描かれる時間に比例する」

この内容は、ケプラーの法則（2）と同義である。もう一度、図3－6を使えば、等しい時間に惑星と太陽を結ぶ線分（径）が描く扇形の面積は、惑星がどこにいても同じということになる（命題1の証明は本章末のコラム3－1を参照）。

つづいて、求心力の作用についていくつかの事柄が述べられた後、

命題11「一物体が楕円上を公転するとして、楕円の焦点に向かう求心力の法則を見いだすこと」

という問題が提示されている。

これを解くと、ケプラーの法則（1）が成り立つとき、求心力の強さは距離の二乗に逆比例するという「重力の法則」が得られることが証明されている（本章末のコラム3－2参照）。

さらに、こうした力が働くとき、物体が描く軌道は一般に円錐曲線で与えられることが明らかにされた（円錐曲線とは、円錐を平面で切ったときの切り口の曲線。図3－8）。図形として見れば、コペルニクスやブラーエやガリレオが何の疑念もなく信じ込んでいた惑星の円軌道とは、

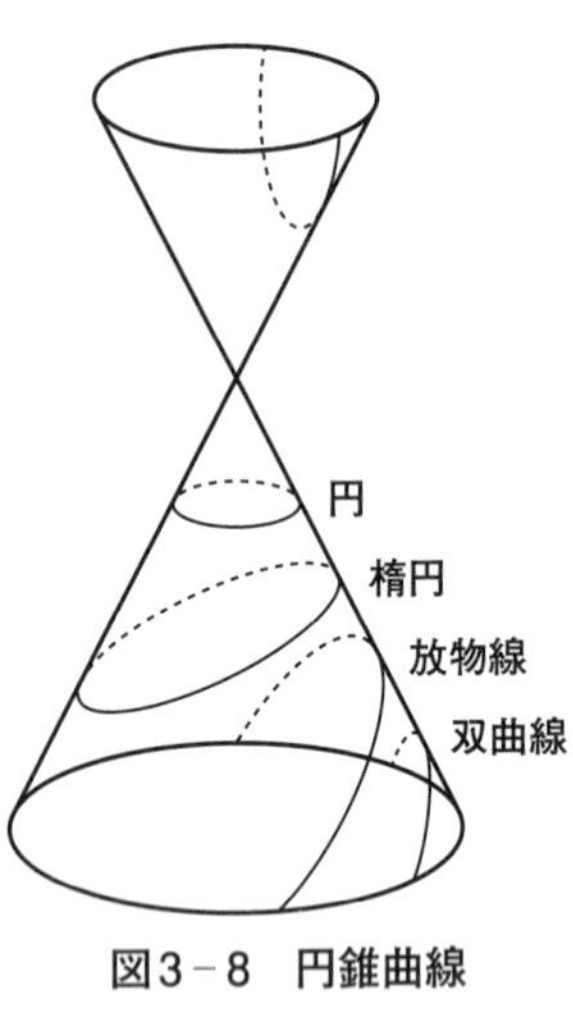

図3－8　円錐曲線

円錐曲線のきわめて特殊なケース（切り口が円錐の底面に平行）にすぎなかったわけである。

また、重力の作用を受けながら物体が楕円軌道上を運動するとき、公転周期はその長径の3／2乗に比例するというケプラーの法則（3）が証明されている（命題15）。

こうして、ニュートンはケプラーが遺した「どうして？」という宿題を一人で、すべて解決したのである。

天体の回転とリンゴの落下

ところで、ニュートンは『プリンキピア』に先立って著した『世界の体系』（刊行はニュートンの死後一七二八年。図3－9）の中で、次のような面白くわかりやすい話を書いている。

高い山の頂上から水平方向に、物体を投射したとする（図3－10）。物体は放物線を描いて、Dに着地する。投射速度を徐々に上げていくと飛行距離は伸び、着地点はE、Fと遠くなり、やがては地球の反対側のGに達する。さらに大きな速度で投げれば、物体は地球を一周し、山頂V

A

TREATISE

OF THE

SYSTEM

OF THE

WORLD.

BY

Sir *ISAAC NEWTON.*

Tranſlated into ENGLISH.

LONDON:

Printed for F. FAYRAM at the South Entrance under the *Royal Exchange.*

M DCC XXVIII.

図3－9　『世界の体系』（英語版）の表紙

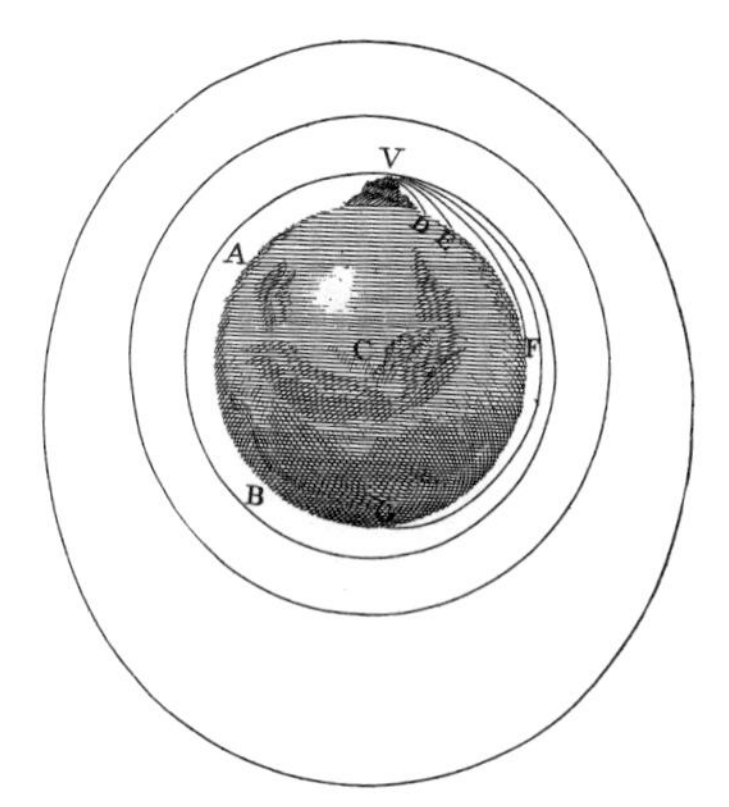

図3－10　投射体の軌道

に戻ってくることになる（実際には空気抵抗が働くため、物体は減速され、Vに回帰する前に着地するが、条件を理想化し、重力の作用のみを考えれば、こうなる）。

そこで、もしもVより五、一〇、一〇〇、一〇〇〇マイル高いところ、あるいは地球の半径の何倍もの高さから水平面に平行に投射を行えば、その高さにおける重力の強さに応じて、物体は地球の周りを円弧あるいは偏心した弧を描いて回転するであろう。その有り様は、惑星がその軌道上を運動するのと同じであると述べられている。

図3－10は、いまの言葉でいえば、人工衛星の運動原理に他ならない。そして、Vの高度を月の軌道まで伸ばせば、『世界の体系』の説明はそのまま、月が地球をまわる運動に当てはまる。

月に地球の重力が届かないとすれば、慣性の法則に従い、月は軌道の接線方向にまっすぐ素っ飛んでいってしまい、地球から離れてしまう。そうならないのは、地球の重力が月をつなぎとめているからである。ここでひとつ注釈を加えておくと、一般にたとえ速度の大きさが一定でも、その方向が変化していれば（つまり、軌道が曲線を描けば）、それは加速度運動になる。月も惑星もそれぞれの中心の周りを加速度運動しているわけである。

さて、地球から月までの距離は地球の半径の約六〇倍に当たるので、重力が距離の逆二乗則に従うとすれば、運動の第二法則から、月の回転の加速度は地球の重力加速度（約九八〇センチメートル／秒^2）の三六〇〇分の一（六〇分の一の二乗）になるはずであるが、その値は観測とぴたりと一致する。

この点に関連し、ニュートンは『プリンキピア』の第Ⅲ編にこう書いている。

命題4「月は地球へ向かって引かれ、重力によって絶えず直線運動からそらされ、その軌道上に保たれる」

この命題は、月は地球に向けて常に〝落下〟しつづけていると読み換えられる。

我々は日常、目にする現象から、落下というと、何か（たとえばリンゴ）が地面にぶつかる垂直運動だけをイメージしがちである。しかし、ニュートンが語るように、月もまた地球の重力に引かれ、回転という形で落下しつづけているわけである。

こうして、ニュートンはリンゴの落下も月の運動も惑星の運動（ケプラーの法則）もすべて、同一の重力と運動法則のもとに統一して記述できることを証明したのである。それは対象を普遍的に捉えるという、物理学の基本姿勢の芽生えでもあった。

普遍的な視点

『プリンキピア』の第Ⅲ編の冒頭に設けられた「哲学における推理の規則」で、ニュートンは次のようなことを述べている。

規則Ⅰ「自然の事物の原因としては、それらの諸現象を真にかつ十分に説明するもの以外のものを認めるべきではない」

自然を眺めるときは、対象をできるだけ単純化し、余計な原因（本質的ではない条件）は排除せよというわけである。物体の運動を例にあげると、空気抵抗や摩擦などを排除しなければ、慣性の概念にたどりつけないことになる。つづいて、こうある。

規則Ⅱ「ゆえに、同じ自然の結果に対しては、できるだけ同じ原因をあてがわなければならない」

単純化し、余計な原因を取り除くと必然的に、個別の現象をバラバラに扱うのではなく、そこから帰納的に共通な要素を見つけ出すことになる。たとえとしてニュートンは、次のような事例を並べている。人間の呼吸と獣の呼吸、ヨーロッパでの石の落下とアメリカでの石の落下、台所の火の光と太陽の光、地球における光の反射と惑星における光の反射。呼吸も落下も光も反射も、その主体ごとに別々に考える必要はなく、それを超えて共通する括り方ができるというわけである。それを受け、規則Ⅲではこう述べられている。

規則Ⅲ「物体の諸性質のうち、実験の範囲内ですべての物体に属することが知られるようなものは、ありとあらゆる物体の普遍的な性質と見なされるべきである」（文章は一部省略してある）

そして、この規則の具体的な説明が次のように記述されている。ニュートン力学の根幹にかかわる重要な部分になるので、少し長いが、ここに引用させてもらう。

もし実験および天文観測により、地球のまわりのすべての物体が地球に向かって引かれ、かつそれがそれぞれの質量に比例すること、また月も同じくその質量に従って地球のほうへ引かれること、またいっぽうにおいては、海が月のほうへ引かれること、またすべての惑星がたがいに引き合うこと、また彗星も太陽に向かって同様に引かれること、これらのことが普遍的に明らかになったならば、本規則の結果として、物体という物体がすべて相互引力の素因を付与されていることを普遍的に認めなければならない。(傍点は引用者)

リンゴ——という言葉はここには出てこないが——をはじめとするすべての地球上の物体も天体もみな、共通に、同じ重力を作用させる性質(相互引力の素因)を有していることが普遍的に認められると、ニュートンは明言しているわけである。

宇宙を天上界と地上界に峻別する二元論に立ち、普遍的な視点の設定を初めから拒否していた天動説は、こうした側面からも否定されることになる。

電磁気学を確立する上で重要な多くの実験を行った、あのファラデーもニュートンと同じ姿勢で自然に向き合った一人である。

一九世紀に入ってしばらくしてもまだ、電気はその発生源や発生方法によって、それぞれ別種のものであると考える科学者がいた。電気の同一性が疑問視されていたのである。そこで、一八三二年、ファラデーは静電気（摩擦電気）、ヴォルタ電池、電磁誘導、電気魚（エイ、ウナギ）など種々の電源から得た電気について、その磁気作用、熱作用、生理的作用（電気から受ける刺激）、電気分解、火花放電を定量的に調べ、それぞれの比較を行った。

その結果、電気は電源のいかんを問わず、すべて同一であるという結論が導き出されたのである。つまり、電気には区別がないことが普遍的に認められ、電磁気学にもニュートンの思想が取り込まれたのである。

本章の後半で述べるように、アインシュタインは重力場と加速度運動を統一し、原理的に両者の区別はつかないとして一般相対性理論を構築するに至る。さらに、その後、重力と電磁気力の統一（統一場理論）の探求に挑むことになる。

この試み自体は成功しなかったものの、二〇世紀の後半に入ると、素粒子の理論家たちにより、自然界の基本的な四つの力（重力、電磁気力、弱い相互作用、強い相互作用）を統一して扱う理論の研究が始められた。最終ゴールはまだまだ見えないが、ある段階まで、その試みは成功している。

こうしてたどってみると、ニュートンが力学の基盤に据えた普遍的な視点は、物理学の発展を通し、とぎれることなく、通奏低音のように流れつづけていることがわかる。

質点の導入と対象の簡略化

普遍的な視点と並んでもうひとつ、ニュートン力学の特徴を考える上で重要なポイントが、後に「質点」と呼ばれるようになる概念の提示である。

ここで、晩年のニュートンがロンドンの自宅で王立協会会員のステュークリと歓談中、リンゴの逸話のルーツとなる回想をしていたことを思い出していただきたい（第1章「再びニュートンの回想」参照）。その中で、ニュートンは「地球の物質の引力の総和は他の場所ではなく、地球の中心にあるに違いない。だから、リンゴは中心に向かい、垂直に落ちるのである」（図1－3）と語っている。若き日のニュートンに閃いたこの着想が、『プリンキピア』の第I編で次のように一般化されている。

命題71「もし球面上のすべての点に向かって、それらの点からの距離の二乗比で減少する等しい求心力が働くならば、球面外におかれた一粒子は、球の中心へと向かって、その中心からの距離の二乗に逆比例する力で引かれる」（なお、ここでいう球面とは、一様な厚みをもつ中空の球殻を意味している。中野猿人訳・注の前掲書の注二〇八）。

物質の分布が均質な薄い球面とその外部にある粒子の間に働く引力は、球面がどんなに大きくても、常に粒子と球面の中心の距離の二乗に逆比例するといっているわけである。これを前提にすると、次の命題が導き出される。

命題74「球外に位置する一粒子は、中心からのそれの距離の自乗に逆比例する力をもって引かれるであろう」

ニュートンの用語の使い方が少しややこしいので註釈を加えておくと、命題71では中空の球面を想定しているのに対し、命題74の球は中空ではない、つまり内部に物質が詰まった球体を指している。この球体を無数の同心球面が層を成すものと考えれば、命題71から命題74が証明されることになる。

そこで、この球体を地球、球外にある粒子をリンゴに見立てれば、さきほど引用したニュートンの回想の一節につながる。つまり、地球の大きさは無視し、リンゴは地球の中心に向かって引かれるとみなせるわけである（『プリンキピア』第Ⅲ編で論じられるように、地球は完全な球体ではなく、扁平な回転楕円体であるが、第Ⅰ編で扱う問題では球体とみなして十分である）。

さらに、命題74の系1でニュートンは「均質な球の引力は、中心から等しい距離においては、球自身〔の質量〕に比例するであろう」と述べている。これを再び、リンゴの落下に当てはめると、リンゴは地球の半径に相当する距離にあり、地球と等しい質量をもつ点Gに引かれるとして、その運動を計算すればよいということになる（図3－11）。

こうした力学の問題を考えるとき、地球は質量をもった点、つまり質点に置き換えられるわけ

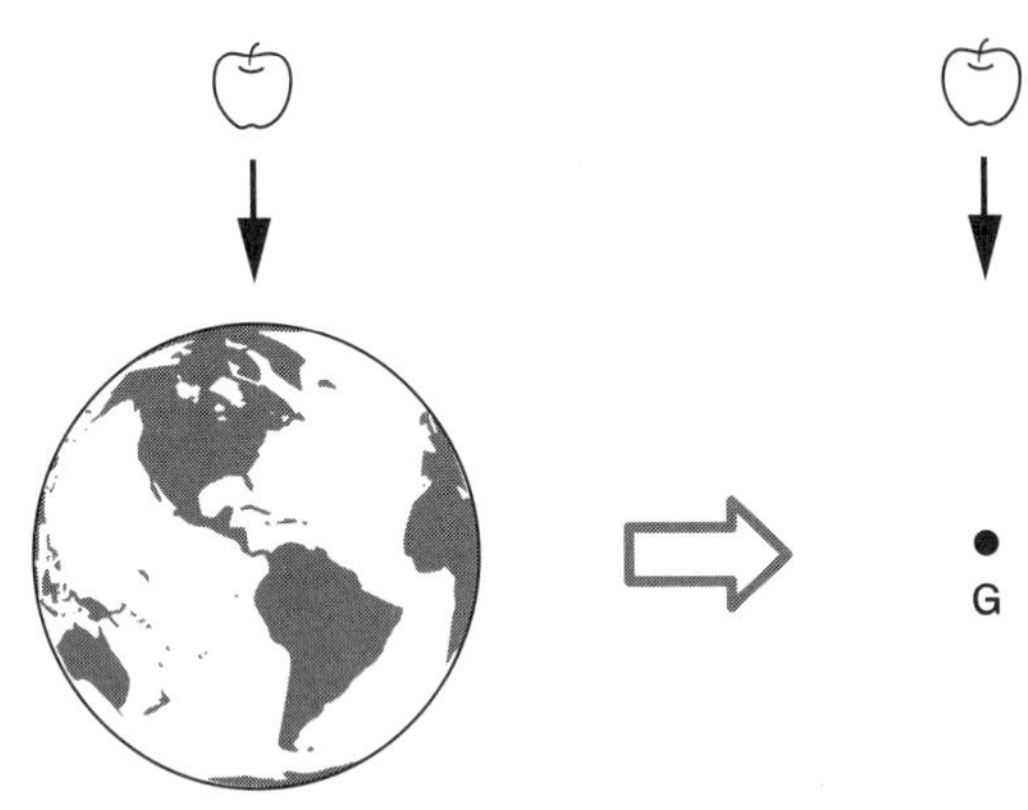

図3－11　リンゴに働く引力は地球の全質量が中心Gに凝集した場合と同じ。この場合、地球の大きさは考慮する必要はなく、単に点とみなせる。

である。点はそれ以上簡略化できないもっとも単純な思考の対象物であるから、一般にこの置き換えが可能となれば、力学の適用範囲はいっきに拡大し、計算がしやすくなる。ニュートン力学が数理体系として、著しい発展を遂げることになる要因のひとつは、まさにここにあるといえる。

なお、『プリンキピア』で対象の単純化はその後もつづく。命題75では均質な球どうしに働く求心力が、また命題76では密度分布が球対称な球どうしに働く求心力が扱われ、いずれの場合も、その大きさは中心間の距離の二乗に逆比例することが証明されている。地球の重力による月の回転、あるいは太陽の重力による諸惑星の運動がこれに該当するといえる。

このように人間のスケールでいえばとてつもなく巨大な天体も押しなべて質点とみなせるところ

に、対象のモデル化（副次的な条件を排除し、対象の調べたい本質を抽出し、数式で表現する作業）を可能としたニュートン力学の強みが内包されていたのである。

『プリンキピア』の〝謎〟

ところで、コラム3－1、2でその一部を紹介するが、『プリンキピア』は全編を通し、ほとんどの内容が幾何学を用いて記述されている。ニュートンはせっかく微積分法をつくり上げていながら、なぜ、それを使わず、現代の我々から見るとややまわりくどく感じる、旧来の数学に頼ったのであろうか。この〝謎〟については、次のような解釈が取られてきた。

ニュートンはまず命題の証明を微積分の計算で行い、その後、それを幾何学の言葉に翻訳したのではないかというのである。微積分法は当時の人々にはまだ、馴染みがなかったため、それを多用すると、内容を理解してもらい難いと考え、発表に際しては幾何学に置き換えたという推測である。

この通説に対し、アメリカのチャンドラセカール（出身はインド。一九八三年、「星の進化と構造に関する物理的過程の研究」でノーベル物理学賞受賞）が、一九九五年に著した『チャンドラセカールの「プリンキピア」講義』（中村誠太郎監訳、講談社）の中で興味深い見解を述べている。

　それによると、ニュートンの物理的、幾何学的洞察は非常に鋭かったので、証明全体が一度に彼の頭に浮かんだらしい。したがって、読者にとってはわかり難く見えた幾何学的構成が、ニュートンにとってはごく自然に思い描かれたとしても、驚くには当たらぬことであるというのである。つまり、ニュートンはあらかじめ微積分法によって計算していた事実を隠して『プリンキピア』を出版したわけではなく、初めから、幾何学的作図にもとづいて論理を展開、構築する洞察力にすぐれていたことになる。

　この点に関し、ニュートン自身は何も語っていない以上、いまとなっては、通説が正しいのかチャンドラセカールの異説が正しいのか、あるいはそのどちらでもないのか、結論を出すことは難しい。難しいが、少なくとも、こういう指摘はできると思う。

　チャンドラセカールは難解な『プリンキピア』を読み込んだ上で、現代の数学手法（微積分法）を用いて、各命題の証明を行い、ニュートンの幾何学的な方法と比較しながら、その解説を講義している。そうした両面からのアプローチを通し、ノーベル賞物理学者は幾何学を縦横に駆使して力学を組み立てていくニュートンの異才ぶりを感得したのであろう。

　謎は謎として残るものの、チャンドラセカールの見解はニュートンの天才性にまたひとつ、新しい光を投げかけたのである。

　なお、ニュートン力学が現代の物理の教科書にあるように、微積分を主体にして記述されるようになるのは、ニュートンが一七二七年に亡くなってからのことになる。そのきっかけを作ったのはスイスのオイラーであり、彼の業績を発展させたのがイギリスのマクローリンになる。そして、一八世紀末、ラグランジュ、ラプラスなどフランスの数学者たちにより、解析力学や天体力学と呼ばれる、ニュートン力学をバージョンアップした学問体系が生まれることになる。

ここに至って、力学は幾何学の衣を完全に脱ぎ捨て、微積分法を取り入れながら、あたかも数学の一部門に組み込まれたかのような体裁を整えるのである。そうなることにより、力学はニュートン並みの天才的な勘を有せずとも、規定された数学の手順に従って、いわば自動的に計算を実行すれば、問題を解くことが可能となったわけである。

重力と神

さて、さきほど、ニュートン力学発展の要因として、普遍的な視点の設定（重力による天上界と地上界の統一）と質点の導入（計算の簡略化）の二つをあげたが、そこにはもうひとつ、運がよかったとでも表現したくなる背景があった。それはリンゴの落下もさることながら、力学がその威力を発揮した主な舞台が宇宙であったことである。そこで生起する諸惑星の公転も月の運動も彗星の出現も、すべての現象が重力の作用に帰着され、それによって、天文学に驚くほどの精確さが与えられたことは、当時の人々に強い衝撃を及ぼした。

というのも、ニュートンの時代はまだ、宇宙は――したがって、天体の動きは――神が司る領分であると考えられていたからである。そこに力学が組み込まれたとなれば、力学に対する評価はいやがうえにも高くなろうというものである。実際、ニュートン自身、『プリンキピア』の最後に加えられた「一般注」の中で、神について次のように書いている。

　太陽、惑星および彗星という、このまことに壮麗な体系は、叡智と力とにみちた神の深慮と支配とから生まれたものでなくてほかにありえようはずがない。（中略）また諸恒星の諸体系がそれらの引力によって相互に落下しあうことのないように、神はそれらの体系を相互に茫漠として果てしない隔たりに置かれたのである。

　この〔全智全能の〕神は、世の霊としてではなく万物の主としてすべてを統治する。

「神」という言葉が何度も出てくるが、これが決してレトリックでないことは、引用文の内容からもよくわかる。恒星どうしが重力によって引き合い、ぶつかってしまわないように、神はあらかじめ、それらを遠く隔てて置いたという記述には、ニュートンが重力を超えたところに、神の実在とその支配力を見ていた様子がうかがえるからである。

　さらに、「一般注」を読み進むと、こういう箇所が目に止まる。

神は仮想的にだけ遍在するのではなくて、実体的にも遍在するのである。なぜならば、実体なしでは効能は保てないからである。（中略）至高の神が必ず存在すべきことはすべてによって認められており、また同じ必然性によって彼はいつ、いかなる所にも存在する。

ニュートンは、神は宇宙空間に実体として遍く存在すると明言している。

今日、物理の教科書には、『プリンキピア』から抽出された重力の法則や運動法則、またそれらを使ったケプラーの法則の証明など力学の基礎的内容が、現代の数学表記に翻案されて必ず載っている。しかし、ニュートンの神への言及は時代が流れるうち、いつしか削ぎ落とされ、いま、それを物理学書の中に見ることはまずない。

ニュートンの没後、力学の進歩とともに、神の存在は徐々にその影が薄くなり、物理学からは姿を消してしまったわけであるが、『プリンキピア』においてはまだ、力学は神の掌の中にあったのである。

重力の探求

こうしたニュートンの頭の中にあった重力と神とのかかわりを考えるとき思い浮かぶのが、当時、巻き起こった、重力をめぐるやっかいな論争である。その論点を要約すると、重力の原因について二ュートンは何も説明していないではないかという批判が寄せられたのである。

重力がなぜ質量に比例し、距離の二乗に逆比例するのか。そして、そもそも、空虚で広大な空間を重力がどうして伝わるのかを、まずはきちんと説明すべきであるというわけである。原因不明の力を勝手に仮定して天体の運動を論じるのでは、神秘主義に通じるとニュートンは攻撃された。

これに対し、ニュートンはある意味、開き直りともとれる見解を「一般注」に次のように示している。

天空から地上まで、運動の諸現象を重力によって説明することができた。しかし、重力の諸性質の原因を発見することはできなかった。それでも、重力が『プリンキピア』で述べてきた法則に従って作用するとして、天体や地上のあらゆる運動を記述するのに役立つのであれば、ひとまずは、それで十分であろうというのである。

要するに、ニュートンは重力がなぜ働くのかという究極の原因を棚上げし、それを神に託したわけである。

これについて、チャンドラセカールは『『プリンキピア』講義』の中で、「三〇〇年を経た今日、これに何かを付け加えることがあるとすれば、それは次の一言でしかない。〝重力の原因〟

の探求は、今も続いている」と書いている。まさにそのとおりであろう。
そして、いまもつづく探求の旅の過程で、重要な一里塚を標（しる）したのが、アインシュタインであった。

相対性理論に関する特殊と一般

すでに述べたように、力学と電磁気学の間に現れる物理法則の不整合性に気がついたアインシュタインは、両者を統一する形で特殊相対性理論を打ち立てた。その一環として、$E=mc^2$の式を通し、エネルギーと質量の等価性を導き出している。これもエネルギー保存則と質量保存則の統一と形容できる。

また、光量子仮説を提唱したアインシュタインは、ひとつの実体に粒子の属性と波の属性が共存することを示し、それまで、独立に記述されていた二つの概念を統一したわけである。

こうした統一へ向けた流れの中で、一般相対性理論も組み立てられていくことになる。それは重力と加速度運動の統一であるが、その話題に移る前にここで、相対性理論という用語に冠せられた「特殊」と「一般」の違いについて、あらためて整理しておこう。

一九〇五年の奇跡の年に発表された論文「運動物体の電気力学について」では、互いに等速直線運動を行う観測者にとって、すべての物理法則は同等に成り立つはずという要請が提示された。そして、そこから、光速度不変の原理が求められ、観測者の間で座標変換を施すと、時間と空間は絶対的（すべての観測者に共通）なものではなく、それぞれに固有な相対的な概念となった。観測者どうしの相対速度が光速に近づくほど、こうした効果は顕著となり、そうなると、ニュートン力学は適用できなくなったわけである。

以上は等速直線運動に限定された、特殊なケースを扱った理論になる。そこで、この理論を特殊相対性理論と呼んでいる。

これだけでも十分革新的であったが、アインシュタインは特殊な条件下のみで成り立つ理論では満足しなかった。さらなる適用範囲の拡張をめざしたのである。つまり、加速度運動までを考慮して、理論の一般化に挑んだのである。その結果、一九一五年に完成したのが一般相対性理論というわけである。

そして、そのきっかけとなったのが、第1章で紹介した京都大学でのアインシュタインの講演「いかにして私は相対性理論を創ったか」（一九二二年）の中で回想されたエピソードである。一九〇七年、まだベルンの特許庁で働いていたとき、アインシュタインは職場で突然、自由落下をしていく人は自分の体重を感じないのではないかと考え始めたという、あの逸話である。

体重を感じないとすれば、落下している人から見たとき、地球の重力は消失したことになる。消失の原因は、下向きの加速度運動にある。つまり、落下していく人に対し、地球の重力を相殺する上向きの力が発生したと解釈できる。この考えを敷衍すれば、重力と加速度運動の統一が視野に入ってくる。

こうして、一九〇七年、アインシュタインはベルンの職場で一人、一般相対性理論構築の出発点に立ったのである。

見かけの力と本物の力

ところで、落下に限らず一般に加速度運動を行うと、力が発生すること自体はニュートン力学からもすでに知られていたし、日常生活の中で、我々がしばしば体験する現象でもある。車が急発進したとき、体がのけぞったり、急停車すると前のめりになるのはその一例である。

もう三〇年近く前の話になるが、『力ってなんだろう?』(桐原書店)という児童書を書いたことがある。そのとき、力と運動をわかりやすく伝えたいと思い、子供にも興味をもってもらえる、ある工夫を施した。遊園地を舞台にして、説明を行ったのである。

遊園地には、子供が楽しめるさまざまな乗り物がある。それらはいずれも、落下したり上昇したり、回転したり、複雑なカーブを描いたりと、多彩な加速度運動を繰り広げている。そうした状態に身を置くと、誰でも、その運動に応じた力が生じることを体感する。

たとえば、支柱の周りをぐるぐる回転する飛行機がある(図3-12)。回転速度が上がるにつ

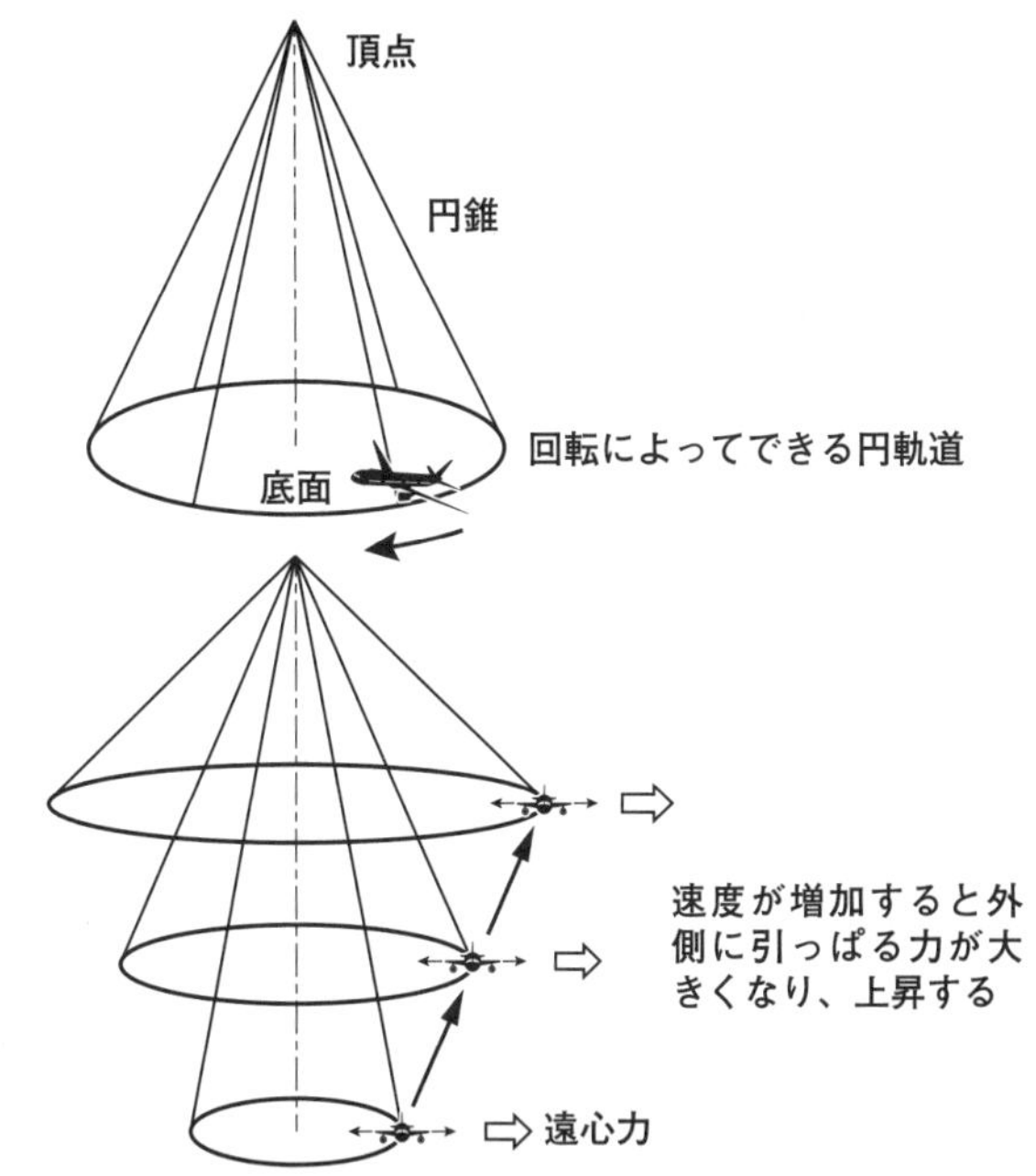

図3－12　回転によって生じる見かけの力（小山慶太『力ってなんだろう？』桐原書店より）

れ（加速度が増加するにつれ）、飛行機の運動が描く円錐の頂角は大きくなり、乗っている人は支柱から離れた軌道をまわることに気がつく。体が外側に引っ張られる力を感じるわけである。

しかし、外に立って飛行機を見上げている人はそれが回転していることはわかっても、自分自身が外側に引っ張られる力を感じるわけではない。つまり、ここで発生する力は回転する飛行機の中だけに限定された、〝局所的〟な作用なのである。地球の重力のように、どこにいても、すべての人が受ける作用ではないことになる。そして、飛行機の回転が遅くなるにつれ、この力も徐々に弱く感じられ、回転が止まると同時に力は消えてしまう。

という特徴から、こうした加速度運動によって造り出される力を、本物の重力と区別して、「見かけの力」(慣性力)とニュートン力学では呼んでいる。

ところが、この〝見かけ〟という捉え方にアインシュタインは根源的な疑問を抱いた。一般に我々がそれを見かけの力と判断できるのは、物理学的な基準からではなく、あくまでも日常的な経験を通してであるというわけである。いまあげた例でいえば、遊園地に行って乗り物にのるという自覚と飛行機から眺めるまわりの景色や、下で手を振る人たちの姿から、それを認識しているにすぎない。

第2章の「力学と絶対運動」のところで、巨大なスタジアムを電車に見立て、まっすぐ延びるレールの上をどこまでも等速で走らせた場合、そこでいかなる競技を行っても、何の支障も生じないという話をした。どのような運動現象を観測しても、自分がいるスタジアムが静止しているのか動いているのか、原理的に区別のつけようがなかったわけである。

それと基本的に同じことが、本物の重力と見かけの力についてもいえるとアインシュタインは考えた。

たとえてみれば、遊園地の飛行機を巨大化したような部屋の中で一生を送る人がいたとする。

Über das Relativitätsprinzip und die aus demselben gezogenen Folgerungen.

Von **A. Einstein.**

Die Newtonschen Bewegungsgleichungen behalten ihre Form, wenn man auf ein neues, relativ zu dem ursprünglich benutzten in gleichförmiger Translationsbewegung begriffenes Koordinatensystem transformiert nach den Gleichungen

図3－13　アインシュタインの論文「相対性原理とそこから引き出される結論について」（1907年）の冒頭部分

部屋の外は見えず、そこはいっさいの情報が入ってこない孤立した空間だとすれば、その人は部屋の外に重力の源となる天体があるから、そちらに引力を感じるのか、あるいは部屋が回転しているために〝見かけの力〟が発生しているのかを判定する手立ては、物理学的にはいっさいないことになる。

いつか将来、回転するドーナツ状の宇宙ステーションに人が暮らすような時代がくれば、回転によって人工的な重力（見かけの力）を発生させ、地上と同じ環境を造り出すことになるであろう。ここで、宇宙ステーションを巨大化して地球サイズに拡大すれば、床は曲面ではなく水平面となる。そうなれば、いま述べた理由から、宇宙ステーションにいるのか地上にいるのかの区別はつかないわけである。

一九〇七年、アインシュタインは『放射能と電子工学年報』に執筆した「相対性原理とそこから引き出される結論について」（図3－13）の第5章「相対性原理と重力」の中で、いまたとえをあげた話を一般化し、次のように述べている。

一九〇五年の論文では、物理法則は座標系（観測者）の運動状態によらないとする前提（これを相対性原理と呼ぶ）は、加速度運動をしていない系だけに適用されていた。しかし、この前提は相対的に加速度運動している系にも、同様に当てはまると考えられる。そこから、加速度系と一様な重力場にある静止系で物理法則の成り立ち方に相違はなく、したがって、両者は完全に等価とみなせるというのである。

この考えは今日、「等価原理」と呼ばれ、一般相対性理論の基盤に位置づけられている。等価という括りは換言すれば、さきほど触れたように、重力と加速度運動の統一を意味している。

慣性質量と重力質量の統一

等価原理の提唱は、物理学にとって長年の懸案事項となっていた、ある問題の解決にもつながった。

我々は普段、「重さ」と「質量」という言葉を混同して使っている（その区別を意識していない人の方が多いかもしれない）。しかし、ニュートン力学では両者には厳然たる区別があった。重さとは重力場の存在を前提にした量であるのに対し、質量とはそれと独立した物体固有の量だからである。

地上に縛られて生活している我々はそれをいちいち意識することはないが、物体を重いとか軽いとか感じるのは（重さを計量できるのは）、地球の重力が働いているからである。同じ物体でも、月で計れば、その重さは月の弱い重力に従い、約六分の一に減少する。無重力の宇宙空間に行けば、ゾウもネズミもノミも等しく、重さは0になる。

ではあるが、宇宙空間でゾウとネズミとノミを同じ力で押してみると、生じる加速度には違いがある。ゾウは加速度が小さく、つまり動きが鈍いが、ネズミ、ノミと移るにつれ、動きやすくなる（わざわざ宇宙まで出かけなくても、滑らかな水平面で〝重い〟玉と〝軽い〟玉を同じ力で突けば、同様の現象が見られる）。

一方、ニュートンの運動方程式は、〔力〕＝〔質量〕×〔加速度〕と表記される（ただし、力と加速度は方向をも加味したベクトル量）。この式は、それが地上か月面上か宇宙空間かにかかわりなく、つまり重力場の強さや有無とは関係なく成り立つ。ということは、運動方程式に組み込まれた質量は物体固有の量であり、物体が本来もつ、動きやすいか難いかを表す性質であるといえる。そこで、これを「慣性質量」と呼ぶ（慣性とはニュートンの運動法則の一番目にある、それまでの運動を持続しようとする性質）。

これに対し、重さとは物体が置かれた場所（地上、月面、宇宙空間など）に依存して変化する量になる。そこで、こちらを「重力質量」と呼ぶ。

物体にはこういう二種類の質量が付与されていたわけであるが、経験上、両者は同じものと考えられてきた。しかし、経験上はそう感じられても、ニュートン力学の範囲内では理論的にこの二つが同じ質量であることを示す根拠は見出せなかった。

これを解決したのが、アインシュタインの等価原理であった。加速度運動に起因する力と重力が等価であるとすれば、それぞれに対応する質量もまた、必然的に等価となるからである。ここに、アインシュタインはまたひとつ、重さと質量という重要な二つの概念の統一を成し遂げたのである。

有名人となったアインシュタイン

こうして、アインシュタインは一般相対性理論の構築に向け、着実に歩を進めていく。その過程で一九一一年、『アナーレン・デル・フィジーク』に論文「光の伝播に対する重力の影響について」が発表される。この中で導き出された予測が一九一九年に行われた日食観測によって実証されたことが契機となり、アインシュタインの理論は物理学界を超え、世間一般にも、その存在が知られるようになる。有名人アインシュタインの誕生である。

アインシュタインを時の人にしたきっかけは、論文のタイトルにある光に及ぼす重力の効果である。

いま、無重力の宇宙空間に観測者が入った箱を置いたとする。この箱が上向きに加速度運動す

$$\alpha = \frac{1}{c^2}\int_{\vartheta=-\frac{\pi}{2}}^{\vartheta=+\frac{\pi}{2}} \frac{kM}{r^2}\cos\vartheta \cdot ds = \frac{2kM}{c^2\Delta},$$

図3－14　1911年の論文で導かれた光の屈曲角αを与える式　Mは天体の質量、Δは天体の中心から光線までの距離、kは重力定数、cは光速。この式を使って、太陽ではαの値が0.83秒になることが示されている。

ると（宇宙空間には上も下もないが、ここでは床から天井の方向に向けての意味）、下向きに（天井から床の方向に）見かけの力が生じる。このとき、箱の側面の壁から反対側の壁に向け、水平に（天井と床に平行に）光を送ってみる。光が進む間に箱は加速しながら上昇しているので、光が反対側の壁に達したとき、その位置は出発点よりも床に近くなる。その結果、箱の中にいる観測者にとって、光の進路は下向きにカーブを描いて見える。その曲率は加速度の増加とともに大きくなる。

ここで、等価原理に従うと、箱が重力場の中で静止していても、そこにいる観測者はまったく同じ現象を目にするはずである。そして、重力が強くなればなるほど、光の曲がり方も大きくなる。

そこから、アインシュタインは一九一一年の論文で、天体の近くを通過する光が屈曲する角度は天体の質量に比例し、天体の中心から光線までの距離に反比例するという計算結果

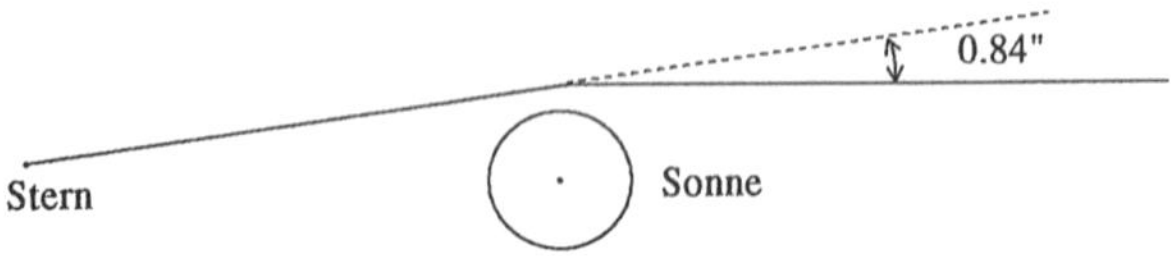

0.84"

Stern

Sonne

図3－15　ヘールに宛てたアインシュタインの手紙の図
Sternは恒星、Sonneは太陽。ここでは光の屈曲角は0.84秒とされている。

を導き出している。この結果を太陽に当てはめると、太陽の近傍を通る光は〇・八三秒（角度の単位）だけ屈曲すると予想される（図3－14、『C.P.』vol. 3）。

アインシュタインはアメリカの天文学者ヘールに宛てた手紙（一九一三年一〇月一三日付）でもこの結論に触れ、そこに恒星から出た光が太陽をまわり込むようにして通る図を描き入れている（図3－15、『C.P.』vol. 5）。

この図にある位置関係の星は通常、太陽の輝きにかき消されて見えないが、皆既日食が起きると空が暗くなり、星が確認できるようになる。そこで、このチャンスを利用して観測を行えば、アインシュタインの理論の検証は可能になる。実際、一九一一年の論文の末尾で、天文学者へ向け、こうした観測の実施が呼びかけられている。

なお、図3－15に示された光の屈曲角は一九一五年、一般相対性理論の完成にともなって修正され、最終的には一・七秒（当初の値の約二倍）と与えられた。

それから四年後の一九一九年五月二九日、待望の皆既日食が起きたのである（図3－16）。このとき、イギリスの天文学者エディントンをリーダーとする遠征隊がアフリカ西海岸とブラジル北西部に派遣され、ヒヤデス星団（おうし座）を利用した観測が行われた。

図3－16　1919年5月29日の皆既日食
（『C. P.』 vol. 9）

その結果は約半年後の一一月六日、王立協会と王立天文学会の合同会合で発表され、アインシュタインの理論との一致が報告されたのである。ロンドンの『タイムズ』（一九一九年一一月七日）はこのニュースを「科学の革命」という見出しを掲げ、「宇宙の新理論、ニュートンの考え覆される」と報じた。

そのとき、エディントンがアインシュタインに宛てた手紙（一九一九年一二月一日付）が残されている（『C.P.』 vol. 9）。そこには、こう認（したた）められている。

一一月六日に我々の観測結果が報告されると、たぶん御存知だと思いますが、イギリス中があなたの理論のことで持ち切りとなりました。それはとてつもないセンセーション（tremendous sensation）を巻き起こしました。『タイムズ』の記事とともに、エディントンの手紙も世間の興奮ぶりを伝えている。かくして、アインシュタインは世界の有名人となっていくのである。

第二の奇跡の年——一九一五年

ここで、「とてつもないセンセーション」騒ぎから四年前に時間を戻すと、一九一五年、アインシュタインはプロイセン科学アカデミー（ベルリン）の会報に論文「一般相対性理論について」とその補遺を、さらに「一般相対性理論による水星の近日点移動の説明」そして「重力場の方程式」を立てつづけに発表、一人で一般相対性理論をつくり上げるのである。こうした多産で創造的な活躍ぶりを見ていると、一九一五年は「第二の奇跡の年」と呼ぶのにふさわしいかもしれない。

さて、前節で述べたような、重力場を通過する光が屈曲するという現象は、物質が存在すると、その周りの時空が歪んでいることを意味している。直進するはずの光がカーブを描くのは、時空そのものが重力場の強さ（物質の質量分布）に依存した曲率をもつためと解釈できるからである。

こういう空間を扱う場合、平行線公理やピタゴラスの定理が成り立つユークリッド幾何学（中学校で習う幾何）は使えなくなる。そこで、アインシュタインが歪んだ空間を記述する道具として注目したのがリーマン幾何学（非ユークリッド幾何学）で、そこに導入されている計量テンソルを計算に用いることを思いついた。

計量テンソルとは座標の関数で、座標を設定した空間（一般相対性理論では四次元時空）の幾何学的性質を規定する量である。これによって、場所ごとの時空の歪み具合を表すことが可能になる。

つまり、重力場が時空の歪みにかかわり、時空の歪みが計量テンソルで表記できることから、重力場は計量テンソルの数式で記述できるわけである。こうして、一九一五年に導き出されたのが、重力場の方程式である。それは今日よく使われる表記に従うと、図3－17のようになる。

$$R_{\mu\nu}-\frac{1}{2}g_{\mu\nu}R=\frac{8\pi G}{c^4}T_{\mu\nu}$$

図3－17　重力場の方程式　Gは重力定数、cは光速、πは円周率。添字はテンソルを表す。

この式は数学の言葉でいえば、多元非線形偏微分方程式という非常に高度で複雑なものであるが、その言わんとするところはおよそ次のようになる。左辺は時空の歪み具合を表す量で、右辺はそこにある物質やエネルギー状態から決まる量になる。つまり、時空の歪み（幾何学的性質）は物質やエネルギーの状態によって定まることを表しているわけである。そして、重力場の方程式は観測者どうしの間で任意の座標変換を施しても、その形を変えないという一般相対性原理の要請を満たしている。

したがって、この方程式に天体の巨大な質量を当てはめれば、その周囲の時空の歪みが求まることになる。なお、質量が小さいとき、したがって時空の歪みが小さい極限を考えると、重力場の方程式からニュートンの重力の法則が導き出される。

『タイムズ』は日食観測の結果を受けて、「宇宙の新理論、ニュートンの考え覆される」と報じたわけであるが、ニュートン力学は相対性理論の効果が無視し得る場合（人間の五官で捉えられる現象）における、その近似であったのである。

未知の惑星「ヴァルカン」

そうしたニュートン力学と相対性理論の関係を具体的に示した成果が、論文「一般相対性理論による水星の近日点移動の説明」である。

ここで、近日点とは楕円軌道を描く惑星が太陽にもっとも近づく位置である（楕円の二つの焦点を結ぶ直線が楕円と交差する一方の点。これに対し、もう一方の点、つまり太陽からもっとも遠い位置を遠日点という）。水星の場合、この近日点が一〇〇年間で約五七〇秒（角度）移動することが知られていた。つまり、太陽を焦点にしたまま、水星の軌道そのものがこの角速度で回転しているわけである。この現象は、水星が他の惑星からの重力を受けるために生じているとみなされていた。

そこで、一八五九年、フランスのルヴェリエはこの影響を考慮し、ニュートン力学を用いて計算を試みた。ところが、観測データと計算結果の間に約四五秒の食い違いが生じてしまった。このとき、ルヴェリエはこの原因を未発見の惑星の存在に託したのである。水星の内側を未知の惑星がまわっており、それが水星に及ぼす重力を計算に組み込めば、四五秒の食い違いが埋められるはずと考えたわけである。そして、よほど自信があったのであろう。早々とその惑星――実はそんなものはなかったのであるが――に「ヴァルカン」（ローマ神話の火の神）という名前までつけてしまった。

ルヴェリエがこうした〝勇み足〟を犯したのにはひとつ訳がある。それは海王星の発見をめぐる、天文学史上、有名な出来事である。

一七八一年、イギリスのハーシェルが七番目の惑星となる天王星を発見した。惑星は六個しか存在しないという固定観念が、ここに破られた。これを機に、過去の天文観測記録を精査したところ、実はそうとは気づかれぬまま、この第七惑星が何度も他の天文学者によって捉えられていたことが判明したのである。時間を遡（さかのぼ）って、とびとびではあるが、天王星の軌道が押さえられたことになる。

それらのデータに加え、発見以降、追尾された天王星の動きをつなぎ合わせると、天王星の観測される軌道は計算（他の惑星の重力を考慮した値）と一致しないことが、一九世紀に入ると指摘されるようになってきた。

そこで、ルヴェリエともう一人、イギリスのアダムズはそれぞれ、観測と計算の間に見られるずれは、天王星の外側をまわる未知の第八惑星の重力に起因すると予測した。そして、一八四六年、二人は独立に、このずれを埋められる第八惑星の軌道要素（楕円軌道の長軸半径、離心率、近日点、公転周期など）の計算を成し遂げ、ほぼ同じ結果を得たのである。それからほどなく、計算が示す位置に、ドイツのガレが星図に載っていない八等星を発見した。これが海王星である。

この出来事は、ニュートン力学の予知能力の高さを示す輝かしい成果として、歴史に刻まれることとなった。

なお、ここで、少し注釈を加えておくと、もし太陽系に惑星がひとつしか存在しなかったとすれば、その運動は完全にケプラーの法則に従う。太陽の重力だけを考慮すればよいからである。しかし、現実には、惑星は太陽以外にも微弱ではあるものの、他の惑星の影響を受けながら運動している。その結果、ケプラーの法則から、わずかなずれが生じる。このように、小さな二次的効果（他の惑星の微弱な重力）が惑星の運動状態に引き起こす攪乱を、摂動（せつどう）という。

ところが、摂動が生じると、換言すれば、対象となる天体が三個以上（注目している惑星、太陽、他の惑星）になると、計算はとたんにやっかいになる。特殊な例を除けば、それを解析的に（微分方程式を用いて厳密にという意味）解くことはできない。

そこで、一八世紀末、フランスのラプラスはまず太陽と件の惑星だけの系を考え、そこにもうひとつ別の惑星の（太陽に比べ）小さな重力を補正項として付け加えることにより、ケプラーの法則からのずれを求める逐次近似法を確立した。この計算方法を摂動論という。

ルヴェリエとアダムズはそれぞれ、摂動論を天王星に対し、いわば逆に当てはめ、その動きの攪乱原因と推測された未知の第八惑星の存在を導き出したわけである。

話を水星に戻すと、こうした成功を収めていただけに、ルヴェリエが近日点問題について、ヴァルカンの存在を期待したのはうなずける。

しかし、海王星の場合と異なり、二〇世紀に入っても、ヴァルカンは見つからなかった。代わって、アインシュタインによって明らかにされたのは、太陽の重力場が示す一般相対性理論の効果であった。

新旧理論の交代

アインシュタインは水星の近日点に関する一九一五年の論文の初めに、こう書いている（『C.

P.』vol. 6)。

この論文で、相対性理論の正しさを確証する重要な結果を提示する。それはルヴェリエによって発見された水星の軌道の長年に及ぶ回転に関する現象である。軌道の回転が観測とニュートン力学の間で、一〇〇年に約四五秒のずれを生じるという事実は、なんら特別な仮定を設けずとも、相対性理論によって定性的にも定量的にも説明することができる。(引用者が一部、言葉を補ってある)

こう述べた後、アインシュタインは一般相対性理論によって与えられる、重力場内での質点の運動方程式を用いて計算を行い、近日点の移動を惑星の周期、楕円軌道の長軸半径、離心率で表した式を導出している。そこから、水星の場合、ニュートン力学にもとづく計算よりも、近日点は軌道運動の方向に一〇〇年で四三秒前進するという結論が求められたのである。アインシュタインは相対性理論は観測と完全に一致すると、高らかに宣言している。

ヴァルカンが幻に終わり、ルヴェリエがそれに託した説明が相対性理論によって成されたことは、新旧理論の交代を象徴する出来事となった。

再び重力と神

ところで、重力場という言葉がすでに何回も登場しているが、何かある物理的な作用が働く空間を一般に「場」と呼んでいる。

たとえば、電荷や磁石を置いたとき、それに対し引力あるいは反発力が働く空間が電磁場になる。場には色も形も模様も目印となるものは何もついていないので、そのままでは見えないが、それがもつ作用を引き出す操作を行うことにより、その存在が浮かび上がってくるわけである。同様に、質量のある物体をそこに置くと引力が働く空間が重力場になる。リンゴの落下も惑星のケプラー運動も、それぞれの現象を通し、重力場の実在を表している。

つまり、場はそれに反応する対象に対し、こうした影響を行使できる潜在能力（ポテンシャル）を有しているわけであり、その能力が空間全域に広がっていることになる。力の作用に関して場という概念が導入されたのは、電磁気学が発展する一九世紀半ばのことであった。

本章の前半で（「重力と神」）、ニュートンが重力の究極原因は何かと追及されたとき、それを宇宙に遍在する神に託したという話を紹介した。これと関連し、場がポテンシャルを付与され、連続的に広がる物理的実体として捉えられるようになると、リンゴにしても惑星にしても、それらが重力を感じるのは地球なり太陽なりという力の源との直接的なかかわりではなく、空間に遍在する場（物体を包み込む環境）との接触によるものとイメージされるようになった。
ニュートンが『プリンキピア』の中で夢想した神は、かくして場に置き換わったのである。

重力波の予言

ここで繰り返しになるが、一九世紀後半、マクスウェルにより、電磁場の方程式を解くと、電磁場が波動となり、真空中を光速で伝わることが理論的に示され、電磁波の存在が予言されたわけである。そして、一八八八年、ヘルツが電磁波の検出に成功している。

そこで、重力場の方程式にたどりついたアインシュタインは一九一六年、電磁気学とのアナロジーから、重力波の存在を導き出す論文「重力場方程式の積分の近似法」をプロイセン科学アカデミーの会報に発表した（『C.P.』vol. 6）。その中で、重力場がエネルギーと運動量を運ぶ波動となり、電磁波と同様、真空中を光速で伝播するという結論が提示された（図3－18）。

さて、ここまでは、電磁気学とのアナロジーが成り立つのであるが、予言からほどなく検出された電磁波の場合と異なり、重力波を直接、捉えることは――その計画は目下、日本、アメリカ、ヨーロッパで進行中であるが――、アインシュタインの論文から一〇〇年を経た今日も、まだ達成されていない（間接的な証拠については、次々節で述べる）。

その最大の原因は、重力が電磁気力に比べ、あまりにも弱すぎることである。

Näherungsweise Integration der Feldgleichungen der Gravitation.

Von A. Einstein.

Bei der Behandlung der meisten speziellen (nicht prinzipiellen) Probleme auf dem Gebiete der Gravitationstheorie kann man sich damit begnügen, die $g_{\mu\nu}$ in erster Näherung zu berechnen. Dabei bedient man sich mit Vorteil der imaginären Zeitvariable $x_4 = it$ aus denselben Gründen wie in der speziellen Relativitätstheorie. Unter »erster Näherung« ist dabei verstanden, daß die durch die Gleichung

$$g_{\mu\nu} = -\delta_{\mu\nu} + \gamma_{\mu\nu} \qquad (1)$$

definierten Größen $\gamma_{\mu\nu}$, welche linearen orthogonalen Transformationen gegenüber Tensorcharakter besitzen, gegen 1 als kleine Größen behandelt werden können, deren Quadrate und Produkte gegen die ersten Potenzen vernachlässigt werden dürfen. Dabei ist $\delta_{\mu\nu} = 1$ bzw. $\delta_{\mu\nu} = 0$, je nachdem $\mu = \nu$ oder $\mu \neq \nu$.

Wir werden zeigen, daß diese $\gamma_{\mu\nu}$ in analoger Weise berechnet werden können wie die retardierten Potentiale der Elektrodynamik. Daraus folgt dann zunächst, daß sich die Gravitationsfelder mit Lichtgeschwindigkeit ausbreiten. Wir werden im Anschluß an diese allgemeine Lösung die Gravitationswellen und deren Entstehungsweise untersuchen. Es hat sich gezeigt, daß die von mir vorgeschlagene

図3－18　重力波を予言した論文の冒頭部分　初めに、光速で走る重力場と重力波（下線の箇所）についての言及が見られる。

たとえば、ある距離を隔てて、二個の電子を置いたとする。電荷の符号が同じなので、両者の間には電気的な反発力が働く。一方、電子には質量があるので重力が働き、互いに引き合うことになる。つまり、電磁気力と重力の綱引きになるわけであるが、その力の差は歴然としている。電子どうしの場合でいうと、重力の強さは電磁気力のわずか10^{-43}倍しかない。これは事実上0である。

電子では小さすぎて、あまりピンとこないといわれるのなら、身近な例をあげてみよう。

パチンコ玉に磁石を近づけると、玉は磁石に引き寄せられ、くっつく。このとき、パチンコ玉が下にくるようにして磁石をもっても、玉は磁石を離れて落下することはない。玉は重力に引っ張られているのだが、巨大な質量をもつ地球の引力よりも、小さな磁石の力の方が勝っているのである。というわけで、ことほどさように、重力は弱く、そのぶん、重力波の検出は困難をきわめる。

実験室で何か物体を揺すっても、そこから発生する重力波を確認することなど、とてもできない。

重力波の検出計画

そうなると、なんらかの天体現象に注目することになる。超新星爆発やブラックホールどうしの衝突、合体、あるいは中性子星の高速回転や軌道運動などによる巨大な質量の変化が原因で放射される重力波を観測しようという試みである。

こうした波源から出た重力波が地球に届くと時空が歪み、ある方向の長さがごく、ごく、ごくわずか伸縮を起こす。どれくらいごくわずかかというと、一メートルの空間が約10^{-21}メートル変動する程度でしかない。水素原子のサイズでもおよそ10^{-10}メートルはあるので、さらにその一〇〇〇億分の一ということになる。素粒子の世界に入ってもこれほど微小な粒子は見つからないわけであるから、その変動幅はたとえようもないほど極微になる。

しかし、たとえようもないではイメージしにくいので、逆に重力波により長さ一メートルの伸縮が生じるには、どれくらいの空間が必要かを考えてみよう。その値は10^{21}メートルになるが、これは太陽系が属する天の川銀河の差し渡し（一〇万光年）に相当する。これでも、あまりピンとこないかもしれないが、要するに10^{-21}という想像を絶する高い精度で空間の変動を検出すれば、重力波を観測したことになるわけである。

それにしても、こんな想像を絶するような離れ業などできるのであろうか。できるのである。テクノロジーの進歩というのは実に凄いものだと思う。レーザーの干渉を利用した測定技術が、それを可能にしたのである。

レーザーは人工の光である。それは単色光（ひとつの波長から成る光）で位相がそろっており（波の山と山、谷と谷が重なっている）、そのため、干渉性にすぐれている。また、指向性（直進性）にもすぐれ、光が広がることがほとんどない。

こうした数々の利点をいかして、レーザーは今日、多方面に応用されているが、レーザー干渉計もそのひとつである。

干渉計の原理は次のようになる。L字型に直交する長さが等しい経路の中をそれぞれ、位相を逆にした（波の山と谷が重なる関係にした）レーザー光線を走らせる。経路の両端に反射鏡を取りつけておくと、光は経路を何回も往復するので距離をかせぐことができる。光が何回か往復して、出発点（直交する経路の交点）に戻ってきたとき、二本のビームを重ね合わせると、両者は位相が逆のままなので、互いに打ち消し合い、干渉パターンは暗くなる。

そこに、宇宙のかなたで発生した重力波がやってくると、一方の経路の距離が伸び、もう一方が縮むため、二本の光の位相が完全には逆にならず、それから少しずれる。その微妙なずれがレーザーの干渉パターンの変化を引き起こす。この変化を通して、重力波を捉えようというわけである。

こうして、アインシュタインが遺した宿題は、テクノロジーの進歩と相俟って、彼の没後半世紀余を経たいま、ようやく、観測の射程に入ってきたのである。

日本では飛驒市（岐阜県）の神岡鉱山の地下に、一辺が三キロメートルのL字型干渉計を設置した観測施設の建設が進められている。アメリカ、ヨーロッパでも同種の計画が動き出しており、重力波の直接観測の一番乗りをめざす競争は激しさを増している。

連星パルサーから放射された重力波

というわけで、直接観測はこれからの課題であるが、間接的に重力波の放射を検証した貴重な

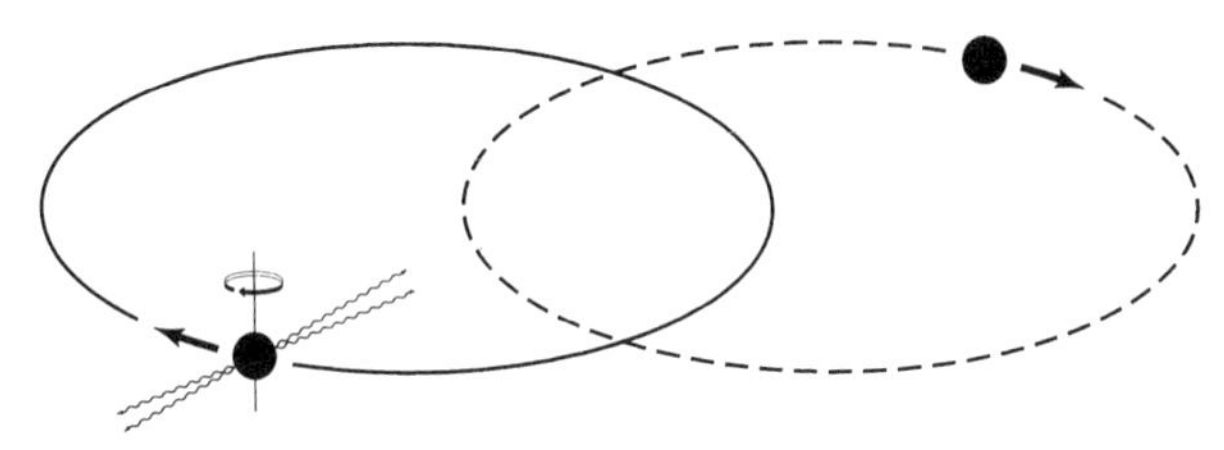

図3－19　連星パルサーのイメージ図　左が観測対象となったパルサー。高速で自転しているため、波線で示す電波が放射されている。右はペアを組む中性子星（1993年のハルスのノーベル賞講演より。"*Nobel Lectures Physics 1991－1995*", World Scientific）。

研究がある。

一九七四年、アメリカのハルスとテイラーは連星系を成すパルサーを発見した。ここで、連星系とは質量がほぼ同程度の二つの天体が互いの重力で引き合い、両者の重心のまわりをそれぞれがケプラー運動するものである。その軌道は重心を焦点とする楕円となる（図3－19）。

連星自体は必ずしも珍しいものではなかったが、ハルスらは初めて、パルサーから成る連星を発見したのである。パルサーとは一九六七年、イギリスのヒューウィッシュの観測グループが見つけた新種の天体で、規則正しい周期でパルス状の電波を示すことが知られていた。

その正体は中性子だけから成る星（中性子星）で、半径は一〇キロメートルほどと小さいものの、質量の方は太陽クラスになるので、密度の大きさは一立方センチメートル当たり一〇〇〇億キログラムという、ものすごい値になる。したがって、中性子星の周囲の重力場はとてつもなく強く、そこでは相対性理論の効果がきわめて顕著に現れる。

こうした超高密度の星は、超新星爆発の衝撃によって形成された星の残骸である。この状態になると、電子は原子核の中の陽子に吸収され、核内は中性子だけとなり、もはや原子は存在しない。つまり、星を構成していた原子がすべて原子核のサイズに圧縮されるわけであるから、それだけ密度は高くなることになる。

しかし、中性子星は小さく暗いため、その存在は理論的には予想されていたものの、長いこと観測にかかることはなかった。ところが、ヒューウィッシュのグループは中性子星から発信されるパルス状の電波を捉えたのである。

中性子は磁気を帯びた粒子なので、その集合体である中性子星の周りには強い磁場がつくられている。このとき、星が自転をすると、その周期に連動して磁場から電波が放射されることになる。これがパルサーである。

ところで、パルサーが電波を出す周期は一定であるが、ハルスらが発見したパルサーは周期が一定の規則性をもって変動することが確認された。この新しい現象は、パルサーに見えないパートナーが存在し、連星系を形づくっていると仮定すると、うまく説明がついたのである。パルサーは連星系の重心を焦点に楕円運動を行っているため、その運動に応じて、ドップラー効果により、地球に届く電波の周期が規則的に変動して見えるというわけである。

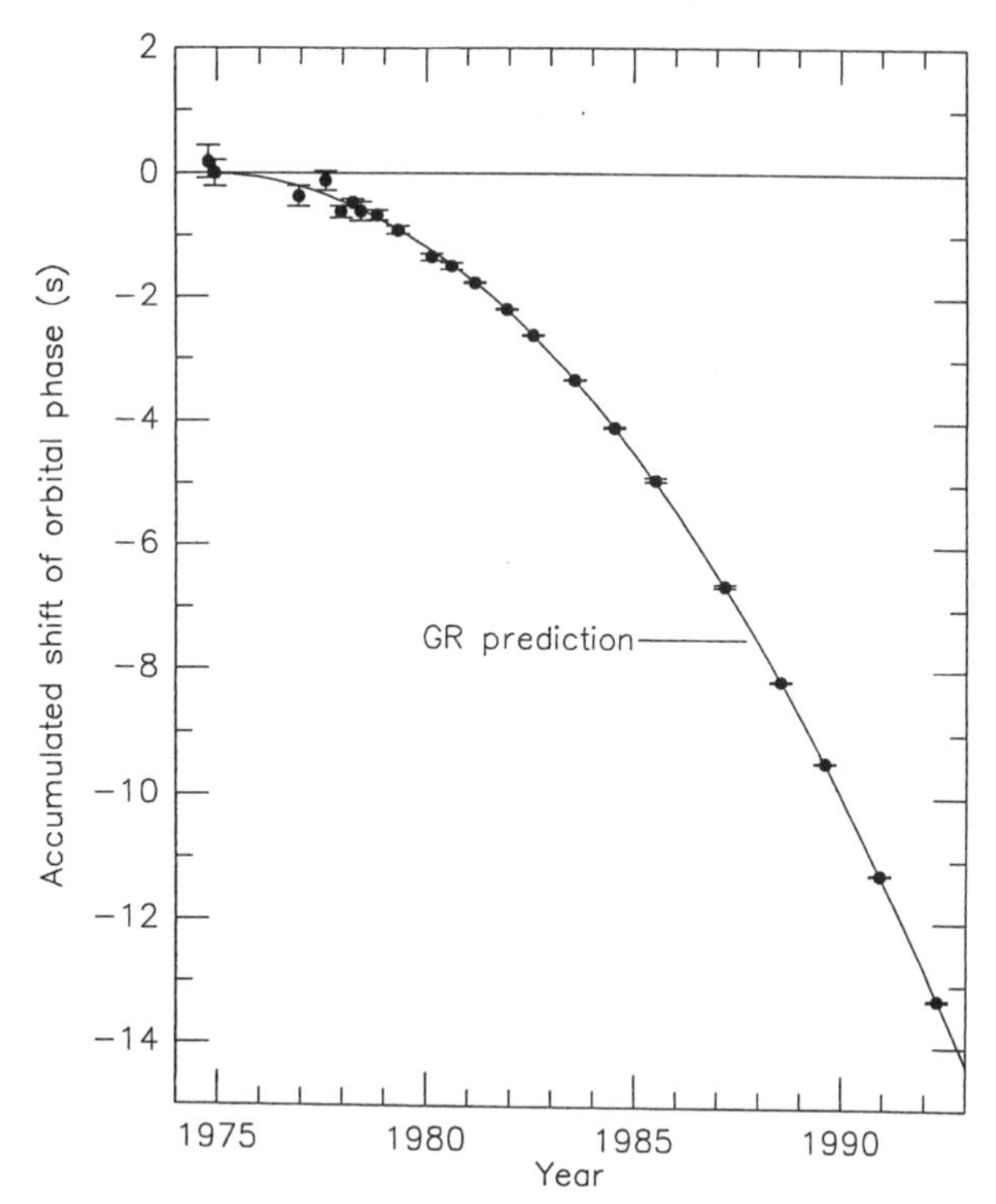

図3－20　連星パルサーの軌道変化　横軸は観測が行われた1975年から92年までの時期。縦軸はパルサーが一定の公転周期をもつとした場合の値からのずれの大きさ。黒丸が観測値、曲線が一般相対性理論（GR）による計算結果。両者はよく一致している（1993年のテイラーのノーベル賞講演より）。

さらに、ハルスらは観測を継続する中、もうひとつ重要な現象に気がついた。パルサーの楕円軌道が徐々に小さくなり、それとともに公転周期も短くなっていたのである。

いま触れたように、パルサーは強い重力場を形成するので、それが楕円軌道を描いてまわると、周囲の重力場が激しく変化する。その結果、電荷を振動させると電磁波が発生するように、パルサーの動きにつれ、重力波が放出される。

重力波を放出すると、そのぶん、パルサーはエネルギーを失うので、公転軌道は徐々に縮小し、公転周期は短くなっていく。観測されるパルサーの軌道の変化は、重力波の放出を仮定した一般相対性理論にもとづく計算結果とみごとに高い精度で一致したのである(図3-20)。

間接的にせよ、アインシュタインの予言が確かめられたことは、重力波研究に大きなはずみをつけた。そうなれば、この次は、直接、この〝時空の小波(さざなみ)〟をつかまえたいという思いが募るのは、自然の流れであろう。前節で紹介したレーザー干渉計による重力波観測はまさにその延長線上に位置づけられるわけである。

ノーベル賞と相対性理論

アインシュタインは一九二二年(一九二一年度付として)、ノーベル物理学賞を贈られた。ところが、この年、一一月から一二月にかけ、アインシュタインは訪日中であったため、ストックホルムでの授賞式には出席できなかった（第1章「再びアインシュタインの回想」参照）。その代わりとして、ノーベル賞講演に当たる講演が一九二三年七月一一日、イェテボリ（スウェーデン）で開かれた北欧自然科学者大会で行われた。

そのとき、アインシュタインが選んだ講演の題目は、「相対性理論の基本的考え方と問題点」となっている。アインシュタインの受賞理由が「光電効果の理論」（第1章の表1－1、論文①）であったことを考えると、ちょっと奇異な印象を受ける。ノーベル賞講演は受賞対象となった研究について話をするのが普通だからである。

では、そもそも相対性理論はなぜ、敢えてノーベル賞からはずされたのであろうか。これ自体、大きな謎といえば謎である。

一九二二年一二月一〇日、アインシュタインの姿が見られぬ中、ノーベル賞の授賞式は行われた（なお、この年、デンマークのボーアにも「原子の構造とその放射の研究」により、一九二二年度のノーベル物理学賞が贈られている）。このとき、授賞のことばを述べたスウェーデン科学界の重鎮アレニウスは、その冒頭で相対性理論について、次のように触れている（『ノーベル賞講演　物理学3』中村誠太郎・小沼通二編、講談社）。

現存している物理学者の中でアルバート・アインシュタインほどその名の知られた人は、たぶんいないでしょう。多くの人々が彼の相対性理論について論議しています。これは基本的には認識論の問題だとされており、そのため、哲学者の集団で活発に論争されております。パリの著名な哲学者ベルグソンがこの理論に挑戦しているといったことは、いまや公然の秘密であります。また一方、他の哲学者たちは全面的に賛意を表しています。この理論は天体物理学上の効果にも関連していて、それらは現在では厳密に実証されています。

アレニウスはまず、相対性理論は認識論とのかかわりから、哲学者たちの間で盛んに議論されていると述べている。多くの哲学者がアインシュタインの考えを受け入れているのに対し、フランスのベルグソンは論文「持続と同時性」（一九二二年）の中で相対性理論に異を唱えたが、それほどまでに、時間、空間の概念を根底から揺るがす新理論は哲学者たちの強い関心を引いたのである。

つまり、アレニウスは相対性理論が哲学的な議論を喚起したことを指摘し、それだけでは、ノーベル物理学賞の範疇（はんちゅう）には入りにくいというニュアンスを語っているようである。

それでも、相対性理論は哲学的な関心だけに留まっていたわけではない。日食を利用した光の屈曲の観測や水星の近日点移動の観測により、その効果が実際に検証されていた。アレニウスもこの点について言及してはいるが、天体物理学上の効果という表現には、相対性理論はノーベル物理学賞の対象としては、少し異質であるというニュアンスが伝わってくる。

したがって、無理をして相対性理論を選ばなくても、光電効果の理論を前面に出すだけで、アインシュタインに対するノーベル賞授賞の理由は十分であると判断されたのであろう。もう少しいえば、ノーベル賞委員会は無難な選択をしたのである。アインシュタインがノーベル賞講演において、光電効果の理論ではなく、相対性理論だけを取り上げたのは、ノーベル賞委員会のこうした見解に対する自分なりの異議の表明だったのかもしれない。

その後、天文学分野の研究は宇宙論を含め、物理学とのかかわりをますます深め、現在では物理学のひとつの領域に組み込まれたような様相を呈するようになった。この状況を反映し、天文学関連の多くの成果がノーベル賞に選ばれている（表3－1）。

そうした一連の流れの中で、連星パルサーの観測により、ハルスとテイラーがノーベル賞を贈られたとき、授賞の挨拶を行ったノルディング（スウェーデン王立科学アカデミー）はこう述べている（*"Nobel Lectures Physics 1991-1995"*, World Scientific）。

ハルスとテイラーは、パルサーがパートナーの星とともにめまぐるしくダンスをするように、秒速三〇〇キロメートルのスピードで動いていることを発見しました。これは地球が太陽をまわる速度の一〇倍にもなります。ハルスとテイラーはそれによって、アインシュタインが

表3－1　天文学関連分野のノーベル物理学賞

年	受賞者	業績
1967年	H. A. ベーテ	核反応による星のエネルギー生成過程の発見
1970年	H. O. G. アルヴェーン	電磁流体力学の研究とそのプラズマ物理への応用
1974年	M. ライル	電波天文学の研究、とくに開口合成の技術の発見
	A. ヒューウィッシュ	電波天文学の研究、とくにパルサーの発見
1978年	A. A. ペンジャス R. W. ウィルソン	宇宙背景放射の発見
1983年	S. チャンドラセカール	星の進化と構造に関する物理的過程の研究
	W. A. ファウラー	宇宙の化学物質生成過程における核反応の研究
1993年	R. A. ハルス J. H. テイラー	重力研究に新しい可能性を開いた新型パルサーの発見
2002年	R. デイヴィス 小柴昌俊	天体物理学、とくに宇宙ニュートリノの検出に関する先駆的な寄与
	R. ジャコーニ	宇宙X線源の発見に導いた天体物理学への先駆的な貢献
2006年	J. C. マザー G. F. スムート	宇宙背景放射の黒体放射スペクトルと異方性の発見
2011年	S. パールマター B. P. シュミット A. G. リース	遠距離の超新星観測を通じた宇宙の加速膨張の発見

（小山慶太『ノーベル賞でたどる物理の歴史』丸善出版より）

六〇年ないし七〇年前、相対性理論の中で予測した効果を観測できる現象が起きていることに気がつきました。一般相対性理論の検証対象であった水星の運動より一万倍も強い効果が現れていることが示されたのです。

これを読むと、連星パルサーを太陽の重力場における光の屈曲と水星の近日点問題に置き換えれば、そのまま、相対性理論がノーベル賞の受賞理由となっても、少しも違和感がないことがわかる。見方を変えれば、アインシュタインはそれだけ、時代の先を行っていたのである。

近い将来、重力波の直接観測が成功すれば——間違いなく、それはノーベル賞に選ばれるであろう——、そうした思いはいっそう強まるものと思われる。

ところが、物体がBに達したとき、Sからの求心力を受けたとすると、BS方向の速度も併せもつので、その軌道はBcからはずれ、BCになる（これはニュートンの２つめの運動法則による）。AでもBと同様の作用が働いているので、Cの位置はBSと平行な直線とBcと平行な直線の交点にくる。

SBとCcは平行なので、三角形BSCとBScの面積は等しい。その結果、ASBとBSCもまた同じになる。

同様の論法によって、Sからの求心力が順次D、E、F、……と働くとし、かつ２点間の時間間隔（線分の長さ）を無限小に近づけていけば、一定時間に物体が描く扇形（三角形の極限）の面積は等しいことが証明される。

コラム3－1：命題1の証明

図でSは力の不動の中心（太陽）、A→B→C→……→Fは物体（惑星）の位置を示す。

いま、Aにいる物体がある時間の後、慣性の法則に従って直進し、Bに達したと仮定する。Bで求心力を受けなければ、同じ時間の後、物体はcまでやってくる。このとき、線分ABとBcの長さは等しい。したがって、三角形ASBとBScの面積は底辺の長さと高さが等しいので、同じになる。

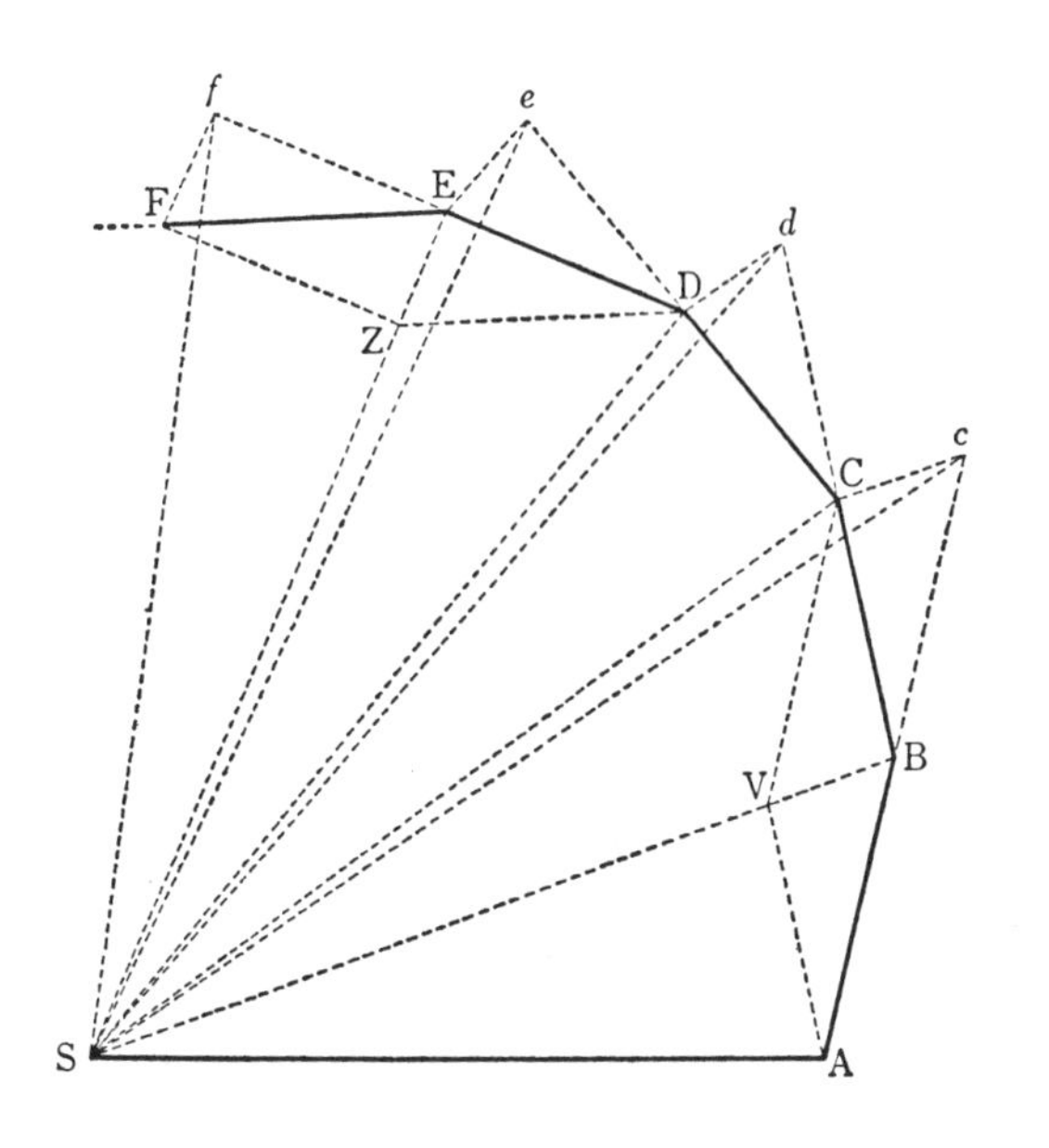

コラム3－2：重力の逆二乗則

Sを楕円の焦点（求心力の中心）、Pを楕円上の点とすると、SPが太陽と惑星の距離に相当する。楕円を扱うとき、図に描き込まれた多くの補助線からもわかるように、幾何学的な証明はかなりやっかいになる。それでも、ニュートンは命題11の前に用意した補助定理や系などをていねいに積み重ね、求心力（重力）の強さが距離SPの二乗に逆比例することを導き出している。

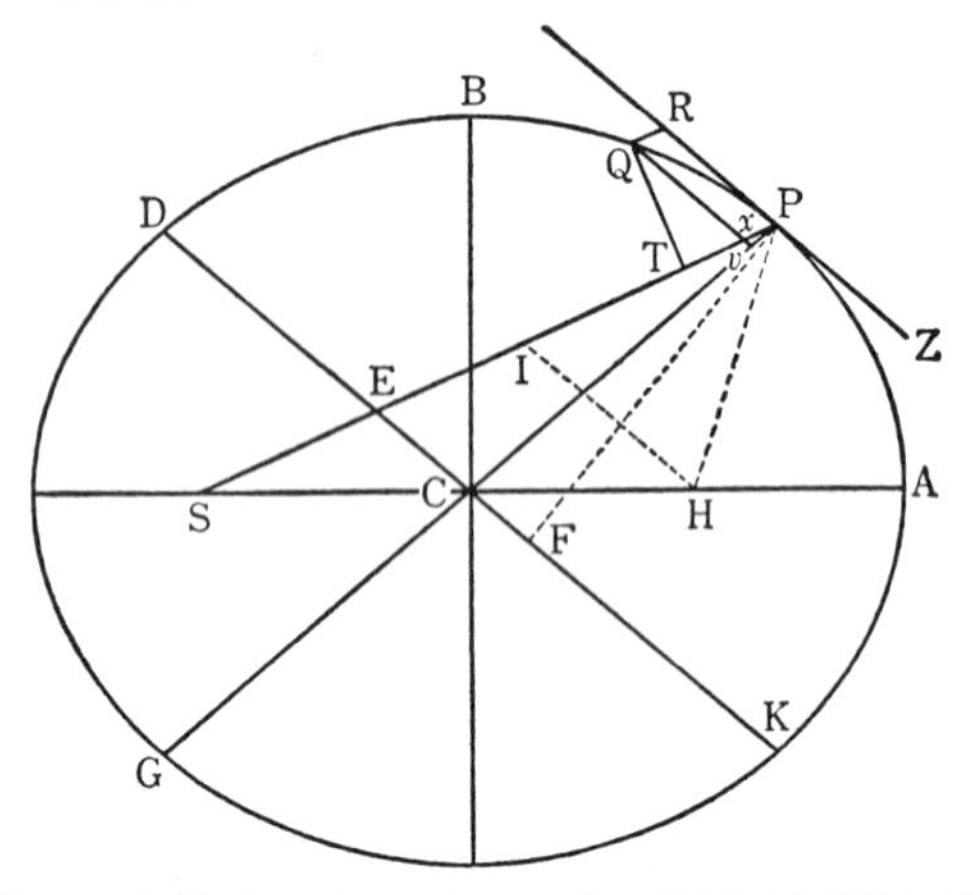

幾何の証明というのは、一般に記号の羅列と補助線が入り組むだけの、無味乾燥な印象を与えがちである。しかし、そこに内包された力学的意味を考えると、命題11から導き出される結論は、まさに炙(あぶ)り出しのようにして、隠されていた真理を浮かび上がらせていることがわかる。

第４章　近代物理学の発展――ニュートンの遺産

前章までに、ニュートン、アインシュタインの研究業績がそれぞれ、後世の物理学の発展にどのような影響を及ぼしたかについて、断片的には触れてきたが、ここであらためて、二人の天才が歴史を通し、いかに偉大な存在となったかを見てみようと思う。

そこで、第4章ではニュートンが一八、一九世紀の物理学、また第5章ではアインシュタインが二〇、二一世紀の物理学の中で果たした役割をたどってみることにする。

ニュートンが示した扁平な地球の形

一七三五年、ルイ一五世の治世下、フランス科学アカデミーは地球の正確な形を決定するという遠大な計画に向け動き出した。北極圏と赤道直下に測量隊を派遣し、それぞれの地域における子午線一度分の長さを求め、その結果をフランスで測られた値と比較しようと考えたのである（子午線とは、南北両極を通って地球を一周する大円）。

もし地球が完全な球体であれば、北極圏、フランス、赤道直下を問わず、どこにおいても、子午線一度分の長さ（地球の円周を三六〇等分した長さ）は同じになる。ところが、地球の形が、両極から中心に向けて少し押しつぶされた扁平な回転楕円体であると、事情は異なってくる。この場合は、赤道付近からフランス、さらに北極圏と緯度が高くなるにつれ、子午線一度分の長さは地球が平たくなるぶん、徐々に伸びていく。

そこで、二つの地域に科学者を送り、特定の恒星の高度（仰ぎ見る角度）を観測し、三角測量によって地上の距離を算出しながら、地球が球体か扁平かを決定しようと計画したのである。そして、一七三五年、天文学者のブーゲと地理学者のラ・コンダミーヌ率いる一隊が南米大陸のペルーへ、翌年、数学者のモーペルテュイ率いる別の一隊が、北極圏のラップランドへ向け旅立った。

それにしても、なぜ、これほど大がかりな測量事業が実施されたのかというと、そのきっかけはニュートンの『プリンキピア』にあった。

第Ⅲ編「世界体系」の命題18でニュートンは、次のような指摘をしている（以下、『プリンキピア』の内容は中野猿人訳・注、講談社による）。もし惑星の各部分が円を描く日周運動をしていなければ（つまり、惑星が自転をしていなければ）、各部分の重力がすべての方向において相等しいので、惑星は球形になったであろう。ところが、自転をしていると遠心力が生じるため、赤道方向の直径が長くなる。実際、天文学者たちの観測により、木星の直径は両極間の方が東西間よりも短いことが見出されているとニュートンは書いている。

木星は太陽系最大の惑星で（直径は地球の一一・二倍、質量は三一八倍）、自転周期は一〇時間弱と地球に比べ短い。それだけ速い日周運動をしているわけである。また、金星についで明るく見えることなどから、当時の望遠鏡でも、こうした木星の扁平な形状が捉えられたのである。

つづいて、ニュートンは命題19で地球の扁平率を試算している。

ＡＰＢＱを地球の形とし、それが球形ではなく、短軸ＰＱのまわりに楕円を回転してできる形とする（図４－１。なお、今日の描き方と異なり、ニュートンはＰ、Ｑを両極、Ａ、Ｂを赤道としているので、図を九〇度回転して眺めた方が、わかりやすいかもしれない）。ここで、等しい断面積の管を極Ｑｑから中心Ｃｃに通し、中心で直角に折り曲げ、さらに赤道Ａａまでつなげたとする。そして、このＬ字型の管全体に水を満たすのである。こうすると、管の中の水は平衡状態にある（管の口から水が地球の外へこぼれ出さない）。つまり、地球の中心で、極方向の管と赤道方向の管に入った水の力が釣り合っている。

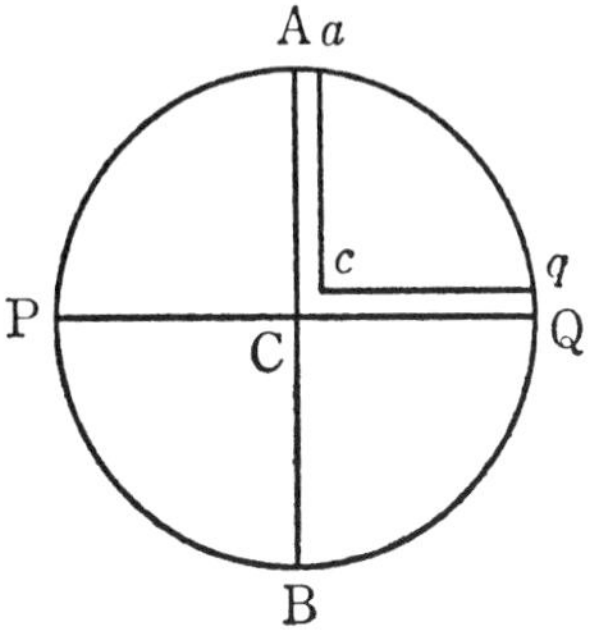

図4－1　ニュートンが地球の扁平率の計算に用いた図
（中野訳・注、前掲書より）

管内の水の量は、管が長いぶん、極方向よりも赤道方向の水の方が多いので、水に働く重力には違いが生じる。それでも平衡状態にあるのは、自転によって赤道方向に発生する遠心力によって重力が弱められるからだという論法である。

このように仮定した上で計算の結果、ニュートンは赤道方向の直径と両極間の直径の比は、二三〇対二二九になると算出している。したがって、扁平率（両直径の差を赤道直径で割った値）は二三〇分の一となる（これは現代の観測値にかなり近い。たいしたものだと思う）。

また、この結果を受け、命題20では地球を回転楕円体とみなした場合、緯度によって重力がどのように変化するかを論じている。そして、赤道から極方向に移動するにつれ、重さは増加し、その増加分は緯度θ（赤道が$\theta=0°$、極が$\theta=90°$）の正弦の二乗（$\sin^2\theta$）に比例すると結論づけている。

このようにして、ニュートンは力学を用いて地球の形状を求めたわけであるが、木星を観測したように、外から望遠鏡で地球の姿を捉えることはできない。そこで、フランス科学アカデミーが大規模な地球測量事業に乗り出したという次第である。

地球測量の大冒険

派遣された二隊のうち、先に結果をもたらしたのは、一七三六年、ラップランドへ向け旅立ったモーペルテュイ隊であった（測量隊には四人の科学アカデミー会員とスウェーデンの天文学者一人が加わっていた）。

七月三〇日に北極圏に入った彼らは、約一年をかけ、測量をつづけ、貴重なデータを携えて無事、フランスに帰ってきた。そして、一一月一三日、モーペルテュイは科学アカデミーの会員たちを前に、極寒の地における厳しい作業を振り返りながら、その成果を晴れやかな思いで発表している。フランスでの測量値と比較すると、北極に近づくほど子午線一度の距離は長くなり、地球は扁平になっていくという結果が報告されたのである。ペルーに遠征した観測隊が戻る前に、事実上、ニュートンの計算の正しさは証明されたことになる。なお、モーペルテュイ隊に加わったフランスの数学者クレローが北極圏での測量結果をもとに、一七四三年、『地球形状論』を著すと、それを契機に、ニュートン力学への信頼は広く高まっていった。

ところで、極寒の地における長期の観測作業がいかに過酷なものであったかは想像に難くないが、一九五八年、初めて南極大陸の横断に成功したイギリスのフックス隊ですら途中、何度も、絶望的な状況に追い込まれ、冒険の遂行を諦めかけたという。

二〇世紀の半ばにおいてもそうだったのであるから、防寒装備も移動手段も携行品も観測装置もフックスの時代と比べはるかに劣る一八世紀──冒険の目的、踏み入った極圏、踏破距離などの違いはあろうが──、モーペルテュイたちが味わった労苦は筆舌に尽くし難かったことであるう。測量作業につきまとう疲労と危険について、モーペルテュイはこう書いている（J・N・ウィルフォード『地図を作った人びと』鈴木主税訳、河出書房新社）。

彼らは半径三メートルもある天頂測角器で星の角度を精確に測り、一〇メートルのモミの木の棒を橇（そり）で運びながら三角測量をつづけた。太陽が地平線に顔をのぞかせるのは正午をはさむ、ほんの短い時間だけであり、雪明かりと星の光だけを頼りに、連日、作業は行われた。

耐え難い寒気の中で、液体の状態が保たれていたのはブランデーだけであったが、それを少し飲もうとカップを口に当てると、舌や唇は凍りつき、引き離すと血まみれになった。何人かの隊員は凍傷にかかるほど身体の末端はひどく凍えているのに、労働で汗をかき、水分を要求する。水を手に入れるために氷を掘った深い井戸から、かろうじて凍っていない水を汲み上げ、のどを潤したが、これもまた危険な行為であったと、その過酷さの一端が語られている。

『チャンドラセカールの「プリンキピア」講義』に、極地遠征の偉業を成し遂げたモーペルテュイを描いた稀覯（きこう）画が載っている（図4-2）。毛皮の帽子をかぶり、防寒着とおぼしき衣装をまとったモーペルテュイが、右手で地球を押さえ、扁平にしている。

この画から——作者の意図がそうだったのか否かは不明であるが——、その後、発展していく物理学の特徴が浮かんでくる。というのも、物理学とは実証を旨とする学問であり、理論と実験・観測の結果が一致して初めて、その正しさが認められるからである。理論と実験・観測が車の両輪としての役割を果たしながら、物理学は進歩していくわけである。その意味で、地球の扁平を計算したニュートンの力学とモーペルテュイの測量の組み合わせは、物理学を形づくる雛形(ひながた)となったのである。

ところで、モーペルテュイたちの一年前に、ブーゲとラ・コンダミーヌの一隊はペルーに向け出帆したわけであるが、そもそも、なぜ彼らは大西洋を渡らねばならなかったのであろうか（当時の帆船では、約一ヵ月の航海であった）。アフリカならばフランスに近く、大航海を経ずにたどりつけるが、この時代、赤道付近はまだ未開の地で地図は作られておらず、原住民との衝突の危険性を考えると、科学者たちだけで足を踏み入れられる地域ではなかった。また、赤道直下でも島では、子午線一度を測るには距離が足りない。

そこで、赤道が横切る南米大陸が選ばれたのである。ペルーはスペインの植民地になっており、すでにヨーロッパ人が住み着き、社会基盤も整備されていた。そうしたことから、測量に適

図4－2　地球を押さえ扁平にするモーペルテュイ（『チャンドラセカールの「プリンキピア」講義』より）

していると判断されたのである。

しかし、アンデス山脈を越え、アマゾン河を下りながらの作業は難行苦行を極め、ブーゲがパリに戻ったのは一七四四年、ラ・コンダミーヌの帰国はさらに遅れ、一七四五年のことであった。しかも測量隊を編成したのは科学アカデミー会員三人を含む一〇人であったが、そのうち三人が遠征中に死亡（黄熱病、足場から転落、刺殺）、一人がジャングルで行方不明となり、フランスの地を再び踏んだのは六人だけであった。一年で作業を終え、全員無事に北極圏から帰還したモーペルテュイ隊とは対照的である（ペルーに向かった一隊の冒険譚はF・トリストラム『地球を測った男たち』喜多迅鷹他訳、リブロポート参照）。

「ペルーの探検にくらべれば、ラップランドの探検はピクニックのようなものであった」（J・N・ウィルフォード、前掲書）というたとえは、的を射た表現かもしれない。

すでに結果は判明しており、クレローの手になる『地球形状論』も発表されてはいたが、想像を絶する苦難を乗り越え、長い年月をかけて、ブーゲとラ・コンダミーヌが持ち帰ったデータは地球扁平説の正しさを裏づけるものであった。

こうして、ニュートン力学はニュートン没後、その威力を発揮し始めるのである。

ニュートンとハレー

さて、いささか遅ればせながらの感なきにしもあらずではあるが、ここで、『プリンキピア』が刊行されるに至った経緯について触れておこう。

話は一六八四年に遡る。このころ、ロンドン王立協会では、フック、レン（セント・ポール寺院の設計などで知られる建築家）、そして天文学者のハレーが、太陽から距離の逆二乗に比例する力を受けると仮定すると、惑星はどのような曲線の軌道を描くかという問題を議論していた。しかし、誰もこれを解くことはできなかった。

そこで、三人の中で一番年が若かったハレーが、数学の才が高いと評判であったニュートンにこの質問をぶつけてみようと考え、一六八四年八月、ケンブリッジを訪れたのである。すると、即座にニュートンは、軌道は楕円になると答えた。どうしてそれを知っているのかとたずねるハレーに対し、ニュートンはあっさり、計算したからだと答えた。ハレーはそのとき、計算を見せてもらえないかと頼んだが、原稿が見つからなかったため、ニュートンは計算をやり直して後日、送ると約束したのである（歴史上、有名なこの二人のやり取りは、ニュートンがイングランドに亡命していたフランスの数学者ド・モアヴルに語った回想にあるという。R・S・ウェストフォール『アイザック・ニュートンⅠ』田中一郎他訳、平凡社）。

約束は履行され、その年の一一月、ハレーはニュートンの短い論考「回転している物体の運動について」を受け取った。そこには、ハレーの質問に対する答えだけでなく、ケプラーの法則がすべて証明されていたのである。

その内容に驚き、ニュートンの計算の価値を高く評価したハレーは、これまでの成果を書物にまとめて発表するよう、ニュートンに強く働きかけた。ただ働きかけただけではない。ハレーは王立協会にその価値を訴え、自ら編集の労を取り、そのうえ、出版の費用まで肩代わりしたのである。大変な力の入れようといえる。そして、王立協会会長S・ピープスの出版許可を得、一六八七年、『プリンキピア』は刊行された（図3－7参照）。

その年、ハレーは王立協会の『哲学会報』（*Philosophical Transactions*）に『プリンキピア』の書評を載せ、その広報にもつとめている（図4－3）。

ニュートンもまた、ハレーに対する深甚なる謝意を、『プリンキピア』の序文でこう述べている（中野猿人訳・注、前掲書）。

この著作の公刊にあたっては、最も明敏かつ博識なエドマンド・ハレー氏が、印刷の校正や図表の作製で私を助けられたばかりでなく、もともと本書が公刊されるに到ったのは、同氏の懇請によるものである。すなわち、同氏は私から天体の軌道の形についての私の証明を聞かれたときに、それを王立協会に送るようにしきりに求められ、後にこの協会の方々の懇篤な励ましと要請とによって、私はそれを公刊しようという気になったのである。

II. *Philosophiæ Naturalis Principia Mathematica, Autore* Is. Newton Trin. Coll. Cantab. *Soc. Matheseos Professore* Lucasiano, & *Societatis Regalis Sodali.* 4to. Londini. *Prostat apud plures Bibliopolas.*

THis incomparable Author having at length been prevailed upon to appear in publick, has in this Treatise given a most notable instance of the extent of the powers of the Mind; and has at once shewn what are the Principles of Natural Philosophy, and so far derived from them their consequences, that he seems to have exhausted his Argument, and left little to be done by those that shall succeed him. His great skill in the old and new Geometry, helped by his own improvements of the latter, (I mean his method of *infinite Series*) has enabled him to master those Problems, which for their difficulty would have still lain unresolved, had one less qualified than himself attempted them.

図4－3 『哲学会報』に載せられたハレーの『プリンキピア』の書評の冒頭（I. B. Cohen編、前掲書より）

ニュートンの謝辞とそれに至るまでの経緯から推して、ハレーの熱心な働きかけと骨折りがなければ、『プリンキピア』が世に問われることはなかったかもしれないと思う。歴史の中で、ハレーは偉大な裏方を演じたことになる。それほどに、ハレーはニュートンが組み立てた力学に心酔していたのであろう。

その心酔ぶりはやがて、「ハレー彗星」となって結実する。ハレーもまたニュートン力学を通し、単なる歴史の裏方では終わらなかったのである。

帰ってきたハレー彗星

天動説がまだ罷(まか)り通っていた時代、どこからともなく突然現れ、やがていずこ(と)も知れず姿を消していく彗星は、その説明に苦慮する、厄介な存在であった。天動説に従うと、天上界は完全な世界で、地上界とは異なり、いっさいの変化が起きない領域とみなされていたからである。したがって、彗星はオーロラや稲光、流星のように、地上界における、なんらかの発光現象と強引に解釈されていた。

これに疑問を投げかけたのが、第3章で登場したデンマークのティコ・ブラーエである。ブラーエは一五七七年に出現した彗星の位置について、自分の天文台（図3－3、3－4参照）があるヴェーン島とそこから十分離れた地点で、同時刻に観測された記録（彗星が見える方向）を比較してみた。このとき、二地点で月が見える方向には明らかにずれが認められたが（つまり、視差があったが）、彗星の方向には、まったく違いは認められなかった。こうして、ブラーエは観測データという客観的な証拠によって、彗星が地上界ではなく天上界、しかも、月よりはるかに遠いところの存在であることを指摘したのである。

そうなると、それがどのような軌道を描くのかが次の関心事となる。しかし、彗星は突然現れ、そして突然姿を消してしまうので、軌道を長い期間、追尾することはできない。そこで、力学が必要になる。重力の作用のもとで、彗星の運動を計算し、観測記録と照合するのである。それを成し遂げるのが、ハレーになる。

ハレーが彗星に魅入られたのは、一六八〇年、二四歳のときであった。この年に出現した大彗星（後に彼の名前が冠せられる彗星とは別）をパリで目にしたとき、ハレーは未解決であった彗星の軌道問題に強い関心を抱いたのである。さらに、一六八二年、ハレーは歴史に自分の名前を刻むことになる、もうひとつの彗星を観測する（ハレーがケンブリッジにニュートンを訪れるのは、その二年後になるが、さしものニュートンもまだ、彗星の軌道までは手掛けていなかった。なお、一七一三年に出版された『プリンキピア』第二版では、彗星軌道について行った自分の計算とハレーの計算に、かなりの頁がさかれている）。

こうして、二つの大彗星と出会ったハレーは長い期間、この問題に取り組みつづけた。そして、彗星の過去の観測記録も精査したハレーは、一六八二年に現れた大彗星は一五三一年と一六〇七年に見られた彗星と同じもので、それは約七五年の周期で細長い楕円軌道を描き、太陽の周りをまわっているという計算結果を導き出したのである（一七〇五年、『彗星の天文学の概要』）。

なお、現在確認されているこの彗星のもっとも古い確実な記録は、中国の『史記秦本紀』に記された紀元前二四〇年（秦の始皇帝の時代）まで溯るという（斉藤国治『星の古記録』岩波新書）。また、『日本書紀』にも、六八四年の出来事として、「彗星（ほうきぼし）が西北の空に現れた。長さ一丈余であった」とあるという（宇治谷孟『日本書紀・全現代語訳』講談社学術文庫）。

さて、件（くだん）の彗星が惑星同様、周期運動を行うという結論に達したハレーは、一七〇五年の書物の中で、「この彗星が一七五八年に再び現れることを、自信をもって予言する」と述べた。果たして、ハレーの予言は的中した。一七五八年のクリスマスの日、ドイツの農夫で天文愛好家であったパリッチュが、回帰してきたハレーの彗星を捉えたのである（それが聖夜の出来事であったというのも、なかなかドラマティックである。なお、翌年の一月二一日、フランスの天文学者メシエもこの彗星を再発見している。彗星の近日点通過は一七五九年三月一三日）。

こうして、ハレーは彗星に名前を残す最初の人間となった。

このとき、人々は星占いでも水晶占いでもタロット占いでもなく、ニュートン力学にこそ、未来に起きる出来事を正確に予見できる能力があることを知ったのである。このインパクトは、いまでは想像がつかないほど強烈なものだったと思う。

なにしろ、計算を実施しさえすれば――もちろん、一定の制約はあるものの――、任意の時刻における天体（一般には物体）の運動状態（どこにいて、どのような速度で動いているのか）を力学は教えてくれるというわけであるから、考えてみれば、これはとてつもなく凄い話である。それまでの自然観を揺るがすほどの驚きをもたらしたと表現しても、過言ではなかった。

ここにまたひとつ、ニュートン力学は金字塔を打ち立てたのである。

再びニュートンとハレー

ところで、ニュートンはハレーの研究に触発され、刺激を受けるような形で、『プリンキピア』第二版（一七一三年）に彗星の軌道に関する項目を付け加えたわけであるが、その後も、亡くなるまで、ハレーとの交流を通し、彗星への関心を抱きつづけた。

一七二五年三月一日付でハレーに宛てた手紙からも、その様子がうかがえる（図４－４）。なお、発信地はニュートンの住居があったロンドンのケンジントンになっている。この一年後、ここで、リンゴのエピソードにつながる回想がステュークリ相手に語られるのである（第１章「再びニュートンの回想」参照）。

この中では、一六八〇年の彗星の軌道が話題にされており、ハレーの計算やカーク（ドイツの天文学者）とフラムスティード（イギリスの王室天文官）の観測についてのニュートンの意見が綴られている。そして、『プリンキピア』第三版（一七二六年）にはさらに、彗星に関する箇所が補筆されることになる。

ハレーはニュートンを動かし、『プリンキピア』の筆を執らせただけでなく、自らの軌道計算によって、大ニュートンの彗星に向けた関心をこのように喚起したのである。それだけに、ハレーはさぞや自分の目で、帰ってくるハレー彗星を見たかったことと思う。

Orbells buildings in Kensington
March 1st 1724/5.

Dr Halley

I thank you for the Table you sent me of the motion
of the Comet of 1680 in a Parabolic Orb so as to answer to
Kirks Observations as well as to Flamsteds. It answers all these
Observations well enough for my purpose. But you have
omitted the distances of the Comet from the Sun in parts of the
mean distance of the earth from the Sun divided into 100000
equal parts: such parts as the Latus rectum of this Parabolic
Orb consists of 2508. These distances you have computed
already in your papers in wch you calculated this Table, & you
need only to copy them from thence. I have inclosed a copy
of your Table with a vacant column for these distances,
& beg the favour of you to fill it up by inserting these dis-
tances out of those your loos papers in wch you made your
calculations of this Table. The distances are inserted in
your Table published in the second edition of my Principles
pag 459. I intend still to keep that Table & add this new
one to it if you please to fill up the column of distances in
the same manner that the two Tables may be like one another.
And by the help of this new Table I shall be able to make the
schemes of the motion of this Comet more perfect. I am

Your humble servant

Isaac Newton.

図4－4　ハレーに宛てたニュートンの手紙（1725年3月1日付）（“*Correspondence and Papers of Edmond Halley*” ed. by E. F. MacPike, Taylor and Francis, 1937より）

しかし、彼の年齢がそれを許さなかった。一七四二年、ハレーは王室天文官（グリニッジ天文台長）在職中のまま、八五歳で亡くなった（図4－5）。ブランデーを痛飲し、そのまま、天文台長の自席で事切れたと伝えられている。今わの際に見た夢は、長い尾を引いて天駆ける大彗星であったろうか。

彗星と現代科学

さて、ハレーの計算どおり、一七五八年のクリスマス、パリッチュに観測されて以降、ハレー彗星は一八三五年、一九一〇年、一九八六年と三回、回帰してきた（次回は二〇六一年）。一九一〇年には初めて、長く尾を引く姿が写真に収められている。それから四分の三世紀を経た一九八六年、その間にめざましい進歩を遂げた科学技術は、地上からの撮影だけでなく、ハレー彗星のさらなる詳しい観測を可能にし

図4－5　晩年のハレー
M・ダール（イギリスで活躍したスウェーデンの肖像画家）画。手にしているのは地球の内部構造の図（E. F. MacPike編、前掲書より）。

ていた。

中でもハイライトとなったのは、欧州宇宙機関（ＥＳＡ）が打ち上げた探査機「ジョット」による彗星の中心核の撮影である（ジョットは中世イタリアの画家で、作品「東方三博士の礼拝」〈一三〇〇年代初め〉の中に、一三〇一年に出現したハレー彗星――当時、まだこの呼称はつけられていないが――を描き込んでいたことから、これにちなみ、探査機の名前に使われた）。

「ジョット」は一九八六年三月一四日、ハレー彗星が吹き出すガスと塵の中に突入、中心核まで約六〇〇キロメートルのところを通過、みごとに核の撮影に成功、その画像を地球に送信してきた。それによると、中心核は縦が約一五キロメートル、横が約七～一〇キロメートルで、ピーナッツの殻のような形をしていることが明らかにされた。ハレーがこの彗星に取り憑かれてから三世紀後の快挙であった。この日の新聞は「欧州の探査機ジョット　ハレーの核を〝激写〟チリ浴びて〝神風〟突入」（『朝日新聞』一九八六年三月一四日、夕刊）と報じている。

ところで、彗星は太陽系の〝化石〟と形容されるように、四六億年前、太陽系が誕生したときの物質の情報がそのまま封じ込められていると考えられている。一方、惑星や衛星は微惑星が重力で互いに引き寄せ合い、衝突、合体をしながら形成されたとみなされている。したがって、形成の過程で、これらの天体の内部は高温、高圧となり、物質の状態が大きく変化してしまった。

これに対し、彗星は惑星や衛星をつくるのに使われずに、微惑星のまま取り残された太陽系の破片ということになる。それが化石と形容される所以である。そこで今日、彗星は現代科学の熱い関心の対象となっている。

ハレー彗星の核の撮影を成し遂げた欧州宇宙機関は、それから二八年後の二〇一四年、今度は探査機「ロゼッタ」を火星軌道と木星軌道の間にあったチュリュモフ・ゲラシメンコ彗星に接近させ、約二〇キロメートルの高度から、着陸機を降下させるのに成功した（ロゼッタは一七九九年、ナポレオンのエジプト遠征軍がナイル河口のロゼッタで発見したロゼッタ・ストーン──未解読であった古代エジプトの象形文字が刻まれた石板──にちなむ）。これは彗星に人工物体を着陸させた、初の快挙であった。

このとき、「ロゼッタ」が上空八キロメートルから撮影した彗星の写真が公表された（図４－６）。彗星は縦四キロメートル、横三キロメートルという小さな星であるが、それでも、岩山や砂漠のような地形が見て取れる。まるで箱庭のような超ミニチュアサイズながら、地球によく似た光景が広がっていることに興味が引かれる。

そういえば、サン＝テグジュペリの『星の王子さま』の故郷は、一軒の家よりほんの少し大きいくらいの小さな小さな星であった（図４－７）。B612という番号がつけられた小惑星で、そこにも山が描かれている。無人ではあるものの、人間がつくった着陸機が降り立った小さな星の世界を想像すると、なぜか、『星の王子さま』のこの場面が思い浮かぶ。

図4-6 「ロゼッタ」が撮影した彗星の地形（ESA/Rosetta/MPS for OSIRIS Team MPS/UPD/LAM/IAA/SSO/INTA/UPM/DASP/IDA）

図4-7 故郷の星に立つ王子さま

なお、「ロゼッタ」は地形の撮影だけでなく、彗星から吹き出されるガスや塵の成分分析を、また、着陸機の方は地表サンプルの採取や彗星の内部構造の探査を行う計画になっている。考古学や古生物学のように、星の〝化石〟を手掛かりとして、太陽系の起源と進化を解明しようとしているわけである。

ハレーがニュートン力学の俎上にのせた彗星はいま、こうして、探査機を送り込まれるほど重要な現代科学のターゲットとなったのである。

解ける問題と解けない問題

「ロゼッタ」は打ち上げから一〇年をかけ、総飛行距離六〇億キロメートルを超える長旅の末、チュリュモフ・ゲラシメンコ彗星に接近した。その間、地球や火星の近傍を通過し、惑星の重力の作用で軌道を変えるスウィングバイと呼ばれる航法が多用されている（これはすべての探査機が一般的に取る方法）。

こうした航法を含め、打ち上げから彗星との遭遇に至るまで、探査機の飛行はコンピュータによる精度の高い計算によって制御されているが、計算の原理そのものはニュートン力学である。

第3章で、質点という簡略化された概念を導入したことで、ニュートンはケプラーの法則の数学的な証明を成し遂げられたという話をした。探査機についても、同様のことが当てはまる。

精密装置の集合体である「ロゼッタ」は、複雑な形と構造をしている。それでも、抵抗がない真空の宇宙空間を飛行するとき、それは形も構造もない、質量だけをもった点として扱えるのである。したがって、めざす天体がどれほど遠くても、力学の計算は可能であり、目的地までの軌道と到達時は決定できるわけである。

ニュートンは『世界の体系』の中で人工衛星の原理を示唆していたが（図3－10参照）、彼が築いた力学はリンゴから天体までの標語どおり、探査機の航行もその守備範囲に収めていることを、数多くの事例を通し、証明している。

しかし、運動物体がもはや質点とみなし得ない状況が生じると、事はそうスムースには運ばず、話はとたんにやっかいになる。

身近な例でいえば、薄い紙や羽根、木の葉などの落下があげられる。これらはよく目にするように、ヒラヒラと揺れながらゆっくり落ちていき、その運動には再現性が見られない。いつ、どこに着地するかわからないわけである。

この原因はいうまでもなく、空気の抵抗にある。これが鉄球のような物体であれば、重力の作用に比べ、空気抵抗の影響は無視できるほど小さいので、運動方程式の計算結果はおおむね現実の落下と一致する。ところが、薄い紙の落下では、空気の存在が重力の効果を大幅にかき乱してしまうため、そうはいかなくなる。

なお、ニュートンは『プリンキピア』の第Ⅱ編で媒質（空気や水など）中で抵抗を受けながら運動する物体の問題を取り上げている。取り上げてはいるが、運動方程式をたて、計算が可能なのは、限られた条件下での特殊な場合にすぎず、しかも、それはあくまでも、近似の域を出ない（たとえば、雨粒の落下などを模し、速度に比例する抵抗が働くとしたときの運動を扱う問題を、力学の演習でよく目にするが、それはその一例である）。

ところが、雨粒なら、ある程度それですんだとしても、薄い紙となると、とてもそうはいかない。紙の材質、重さ、大きさ、形、さらには空気の温度、湿度、気圧、加えて、風の流れなどにも強く影響を受けるので、これらすべてを正確に考慮して運動方程式をたてることなど、とても不可能といわざるを得ない（無理して強引に式をつくれば、パラメータだらけのへんちくりんな代物（しろもの）となり、それではそもそも、解析的に計算できない。スーパーコンピュータによる数値解析を試みたとしても、限界がある）。

ここに、力学――だけでなく、物理学一般に当てはまる話であるが――の弱点、〝弁慶の泣き所〟がある。

いまから半世紀以上も前、人工雪の研究で知られる低温物理学の権威、中谷宇吉郎が「解ける問題と解けない問題」という一文の中でこう書いている（『科学の方法』岩波新書）。

「火星へ行ける日がきても、テレビ塔の天辺から落ちる紙の行方を知ることはできないというところに科学の偉大さと、その限界とがある」。けだし名言であり、力学の本質を突いている。

地球の形状決定、ハレー彗星の回帰予測、探査機の飛行と、ニュートン力学は凄いことをやってのける。しかし、万能ではない。壺にはまれば滅法強いが、それをはずれると、ほとんど手が出ないのである。チュリュモフ・ゲラシメンコ彗星に「ロゼッタ」を送り、彗星の地形を撮影、画像を地球に送信するという離れ業が可能となる一方、たとえスーパーコンピュータを駆使しても、一片の薄紙がヒラヒラ舞いながら落ちる軌跡を完全には記述できないという現実は、中谷宇吉郎の時代も二一世紀も、基本的にはほとんど変わりはない。

余談になるが、一九七一年、「アポロ15号」が月に着陸したとき、宇宙飛行士がハンマーと羽根を同時に落とす実験を行った。月は重力が地球の約六分の一と弱く、大気は存在しないので、抵抗のない空間を物体がゆっくり落下していく様子を観測できる。重力の作用だけを考慮すればよいわけである。

で、結果はどうであったかというと、そう、重さ、形、大きさ、材質……諸々に関係なく、ハンマーと羽根は等しい加速度を得て、同時に着地したのである。

オイラーの剛体の力学

ここで、話をもう一度、一八世紀に戻す。ニュートンは一七二七年に亡くなった。このとき、ロンドンに滞在していたフランスの啓蒙思想家ヴォルテールは、『哲学書簡』の中でこう書いている（林達夫訳、岩波文庫）。

この有名なるニュートンは、一七二七年の三月に死んだ。彼は生前、同国人から尊敬されてきたが、葬られたときも、まるで臣下に恩恵を施した王のようであった。

また、フランス科学アカデミーのフォントネルもニュートンの偉大さを称える頌辞を読んでいる。

ところが、ニュートン亡き後、力学研究の中心はイギリスではなく、ヨーロッパの大陸に移っていく（地球の測量を行ったモーペルテュイやクレローも、それを担った一人である）。中でも、ニュートンの衣鉢を継いだ、もっとも注目すべき人物は、スイスの大数学者オイラーであろう。オイラーは幾何学のスタイルで書かれた『プリンキピア』から、力学を微積分法（解析学）を主体とする記述に置き換えた（後に、オイラーは〝解析学の化身〟と呼ばれるほどになる）。

運動の第二法則を微分方程式で表し、計算を実行するという、今日につながる手法が初めて導入されたのは、一七三六年に刊行されたオイラーの『力学もしくは解析学的に示された運動の科

表4－1　2つの運動方程式の対応関係

ニュートンの運動方程式	オイラーの回転の運動方程式
$F = m \dfrac{\mathrm{d}v}{\mathrm{d}t}$	$N = I \dfrac{\mathrm{d}\omega}{\mathrm{d}t}$
力 F	力のモーメント N
質量 m	慣性モーメント I
速度 v	角速度 ω

学』においてであった。

また、一七六〇年には、『固体あるいは剛体の運動理論』を著し、オイラーはニュートン力学の〝芸域〟を広げている。剛体とは――これも一種の理想化になるが――、力を加えても変形が無視できる物体である。このように仮定すると、質点だけでなく、大きさ、形のある対象の運動も、力学は扱えるようになる（ただし、薄紙の落下などは、こうしても相変わらず埒外（らちがい）になるが）。

オイラーはこの書物の中でまず、固定軸（方向が不変の回転軸）の周りの回転を論じ、いろいろな形の平面図形と立体図形の慣性モーメントを計算している（慣性モーメントとは回転運動のしにくさを与える目安になる。この量はニュートンの運動方程式に対応させると、動きにくさを示す質量に相当する。表4－1）。次に、軸が固定されていない自由な運動を取り上げ、この場合、剛体の運動は重心の運動と重心の周りの回転運動に分離して扱えることを示している。

このように、外から力を受けた剛体の運動を二つの要素に分離できることが、おおいに功を奏した。重心の運動は、そこに剛体の総質量が集まった質点の振る舞いとして計算できる。つまり、大きさや形をいったん無視してよいことになり、その限りでは、計算はニュートン力学に還元される。次に、重心自体の運動はいったん忘れて、重心を中心にした剛体の回転——ここには、大きさ、形が慣性モーメントを通して現れる——を計算する。そして、それぞれの結果が出たところで、二つの要素を合成すれば、剛体の運動全体が記述できるからである。

回転しながら落下あるいは並進運動を行う物体や、独楽(こま)の歳差運動（独楽の回転軸が鉛直方向に対して傾いているとき、軸の先端が水平な円を描く首振り運動）などが、剛体力学の代表的な例といえる。

こうして、ニュートン力学は守備範囲を広げ、汎用性を高めたのである。

神に成り代わった力学

ニュートンは『プリンキピア』の中で、「太陽系という壮麗な体系は、叡智と力とにみちた神の深慮と支配とから生まれた」と書いた（第３章「重力と神」参照）。

ところが、一八世紀も半ばを迎えたころから、いささか雲行きが怪しくなってきたのである。

というのも、当時、過去の観測記録を精査していくと、木星の軌道は徐々に小さくなり、逆に、

図4－8　ラプラス（『天体力学』の英訳 *"Celestial Mechanics"* translated by N. Bowditch, Chelsea Pub. Co., 1966より）

土星の軌道はわずかずつ広がる傾向にあることが指摘され始めたからである。公転速度でいえば、木星は加速を、土星は減速をつづけていることになる。このまま事態が推移すれば、木星は太陽に吸い込まれ、一方、土星は太陽系から離脱し、宇宙のかなたへ飛んでいってしまいかねない。そうなれば、叡智と力にみちた神がつくった壮麗な体系は、崩壊してしまう。

そこで、太陽系が未来永劫（えいごう）にわたって安定でいられるためには、乱れた状態を機に応じて修復してくれる神の存在が必要であった。ニュートンの言葉を借りれば、万物の主としてすべてを統治する神にお出まし願い、太陽系の秩序を保ってもらわねばならなかった。まさに、苦しいときの神頼みである。

こうした状況の中、いまさら神を引っ張り出さなくても、力学だけで問題を解決できることを示したのが、第3章で登場したフランスの大数学者ラプラスである（図4－8）。

一七八四年、ラプラスは木星と土星が互いに及ぼし合う重力の微弱な影響を、太陽の引力に対する補正項として取り入れ、摂動論による計算を行った（第3章「未知の惑星『ヴァルカン』」参照）。その結果、木星と土星の相互作用によって、それぞれの軌道は九〇〇年余りの時間をかけて平均の大きさのまわりを周期的に変動するだけで、太陽系の崩壊は杞憂にすぎないことを証明したのである。

ラプラスは後に、五巻に及ぶ大著『天体力学』（一七九九年～一八二五年）を刊行するが、その中にこう書いている。

惑星運動にあらわれる不等（軌道の攪乱）、特に周期が九〇〇年以上に達する木星と土星に関するものを説明した。この不等は、最初はその法則も原因も不明のまま、長い間、重力理論では説明され得ないものとされていた。しかし、研究の結果、引力で説明されることがわかったので、今ではこの不等は、引力理論の正しいことを示す最も強力な証拠のひとつとされている。（広瀬秀雄『天文学史の試み』誠文堂新光社）

かくして、神の出番はなくなり、懸案であった太陽系の安定を証明したラプラスは、神ではなく力学こそがすべてであると胸を張ったのである。こうして、力学の威光はいっそうの高まりを見せることとなった。

さらに、ラプラスの業績は第3章で取り上げた、ルヴェリエとアダムズによる海王星の発見（一八四六年）へとつながった。『天体力学』で展開された摂動論は、未発見だった第八惑星の存在も予知したわけである。

ところで、木星と土星が相互に及ぼし合う引力を摂動として考慮したラプラスの計算は正しく、過去の観測記録との一致もみたわけであるが、実をいうと、必ずしもそれで安心できるわけではない。人間の歴史レベルの長さではなく、まさに天文学的に長い時間を考えると、さらに高次の摂動を組み込む必要が生じてくるかもしれないからである。

つまり、たとえきわめて微弱であっても、木星や土星といった巨大惑星以外のあらゆる惑星の引力の影響が――塵も積もればで――少しずつ少しずつ累積していくと、各惑星の軌道がやがてはケプラー運動から大きくずれてくる可能性が考えられる。

ただし、こうなると、カオス的要素が強すぎて問題があまりに複雑になるため、もはや摂動論を用いて解析的に計算することは不可能になる。そこで、太陽系の行く末をどうしても知りたければ、いろいろな初期条件を仮定し、スーパーコンピュータによるシミュレーションを行うしかない。解析的に解く美しさは削がれるが、腕力勝負の数値計算で、その可能性を探るわけである。

これに関連して、二〇〇九年六月一一日号の『ネイチャー』に、フランスのラスカルとガスティーノが発表した「水星、金星、火星が地球と衝突する可能性」という、恐ろしいタイトルの論文が載っている。それによると、コンピュータ・シミュレーションの結果、二五〇〇分の一の確率ではあるが、軌道を大きく乱した惑星のどれかと地球がぶつかることを示す解が得られたという。ただし、仮にそういう事態が起こるとしても、それは三五億年後の話だそうであるが。

したがって、当分は、ラプラスが証明したように、太陽系の安定は力学によって保証されているものと安心してよさそうである。

ラグランジュの『解析力学』

ラプラスが『天体力学』の刊行を開始したのは、フランス革命が終結する一七九九年になるが、革命が勃発する前年の一七八八年にも、もう一冊、力学の大著が世に問われていた。ラグランジュの手になる『解析力学』がそれである（図4－9）。ニュートンが『プリンキピア』を著してから、一〇一年目のことであった。

前にも触れたが、書名にある「解析（学）」とは、「事柄を細かく分けて、論理的に調べる」という一般的な意味の言葉ではなく、微積分法とそれに関連する数学（微分方程式や級数など）を指している。つまり、解析力学とは完全に微積分のスタイルで記述された力学という意味である（それを天体の運動に適用したのが、天体力学になる）。

MÉCHANIQUE

ANALITIQUE;

Par M. DE LA GRANGE, de l'Académie des Sciences de Paris, de celles de Berlin, de Pétersbourg, de Turin, &c.

A PARIS,

Chez LA VEUVE DESAINT, Libraire, rue du Foin S. Jacques.

M. DCC. LXXXVIII.

AVEC APPROBATION ET PRIVILEGE DU ROI.

図4−9　ラグランジュの『解析力学』の扉

実際、ラグランジュは自著の序文において、力学は解析学の新しい分野となり、その応用範囲を拡大したと宣言している。換言すれば、ニュートンの没後、微積分法の発展と力学の研究対象の拡大が並行して進み、両者がいわば共鳴を起こす形で結実したのが、解析力学といえる。力学は『プリンキピア』がまとっていた幾何学的な色彩を払拭し、解析学によってバージョンアップを遂げたのである。

ニュートンの運動の第二法則を微分形式の運動方程式に翻案したのはオイラーであったことは、さきほど述べた。このとき、オイラーは基本的に直交座標（デカルト座標）を用いている。これに対し、ラグランジュはそうした特定の座標（他にもよく使われるものとして、極座標〈r、θ、ϕ〉などがある）にこだわるのではなく、どのような座標の取り方をしても、運動方

208 MÉCHANIQUE ANALITIQUE.

$$S\left(\frac{dx\,d^2x + dy\,d^2y + d^2z\,d^2z}{dt^2} + d\Pi\right) m = 0,$$

dont l'intégrale eſt

$$S\left(\frac{dx^2 + dy^2 + dz^2}{2dt^2} + \Pi\right) m = F,$$

en déſignant par *F* une conſtante arbitraire & égale à la valeur du premier membre de l'équation dans un inſtant donné.

Cette derniere équation renferme le principe connu ſous le nom de *Conſervation des forces vives*. En effet, $dx^2 + dy^2 + dz^2$ étant le carré de l'eſpace que le corps parcourt dans l'inſ-

図4－10　『解析力学』で「活力の保存」（イタリックで強調されている）を導いた方程式

程式が同じ形に表せる、位置を指定する独立変数を導入した。この変数を一般化座標と呼ぶ。そして、この一般化座標を用いて運動方程式を微分形式で組み替えたものを、ラグランジュ方程式という。

このように、特定の座標表示に依存せず、一般化されたラグランジュ方程式では、幾何学的な作図、考察がもはや必要なくなってしまった。代わりに、ひたすら微分方程式を解くという数学的な操作を実行すればよいのである。つまり、解析学の知識さえあれば、別にニュートンのような大天才でなくとも、機械的に解を求めることができるわけであり、そのぶん、力学の汎用性が増したのである。

その成果のひとつとして、ラグランジュは『解析力学』の中で、力学的エネルギーの保存を証明している。ただし、当時はまだエネルギーという概念はなく、ラグランジュは「活力の保存」(conservation des forces vives）と表現しているが、これは実質的に、運動エネルギーとポテンシャル・エネルギーの和が一定という内容と同義である（図4－10)。

力学的エネルギー（活力）の保存は個々の実験、測定を通し、経験的には予測されていたが、それが一般的に成り立つことを数学を用いて理論的に証明したのは、ラグランジュが初めてであった。一九世紀半ば、熱力学が確立されると、多様な実験結果の蓄積から、力学に限定せず、普遍的、全般的にエネルギーが保存されることが明らかにされるが、ラグランジュはそれを先取りする形で、この自然の基本法則を導き出していたのである。

一九世紀物理学の数理化

以上、見てきたように、一八世紀を通し、ニュートン力学は解析学を道具にして磨きをかけ、洗練された論理形式を身につけてきたのである。いくつかの基本法則と微分方程式で表現される基本方程式を武器として、その適用範囲を広げていったわけである。

一八世紀末の時点で眺めてみると、物理学の中で、こうしたエレガントで有効な理論体系を整えていたのは、力学だけであった。他の分野はいずれも、遅れをとっていたのである。

そうなると、力学の発展に目を奪われたさまざまな領域は力学にあやかり、自分たちも同じようなスタイルを身につけ、有効性を高めたいと願うようになる。これは自然の流れであろう。

というわけで、一九世紀に入ると、それまで未成熟であった諸分野が、あらたに得られた実験成果にもとづいて理論武装を施し、力学を規範とした体系化をはかるようになっていく。それとともに物理学の裾野は広がり、一九世紀末、今日、古典物理学と総称される、ひとつの大きなジャンルが構成されるに至るのである。ニュートン力学が蒔(ま)いた種が二世紀の時間を経て、ここまで実ったわけである。

そこで、その実りの中から、いくつかの具体例をあげ、物理学の発展ぶりを見てみることにしよう。

フーリエの熱伝導方程式

一七九四年、フランス革命下のパリに、技術者の養成を目的として、公共事業中央学校が創設され、翌年、エコール・ポリテクニクと改称された。校長にはラグランジュが就任、教授陣にはラプラスを初めとし、フーリエ、アンペール、モンジュ、ベルトレ、フルクロアといった、当時を代表する科学者たちが加わった。また、草創期の卒業生の顔ぶれを見ると、マリュス、フレネル、コーシー、ポアソン、アラゴー、ビオ、デュロン、プティ、ゲイ＝リュサック、ナヴィエ……と、彼らだけで一九世紀前半の科学史が綴れるほどの豪華さである。

THÉORIE

ANALYTIQUE

DE LA CHALEUR,

PAR M. FOURIER.

A PARIS,

CHEZ FIRMIN DIDOT, PÈRE ET FILS,

LIBRAIRES POUR LES MATHÉMATIQUES, L'ARCHITECTURE HYDRAULIQUE ET LA MARINE, RUE JACOB, N° 24.

1822.

図4－11　フーリエ『熱の解析的理論』の扉

そのエリート校で初期の教授をつとめたフーリエは一八二二年、『熱の解析的理論』を著し（図4－11）、書名にあるとおり、熱現象の記述に解析学を導入したのである。そうして導き出された基本方程式が、有名な熱伝導方程式になる（図4－12）。ここで、vは位置座標（x、y、z）と時間tを変数にした温度、Kは物質の熱伝導率、Cは比熱、Dは密度である。図に示したとおり、時間と位置に関する偏微分方程式によって熱伝導が表されている（なお、今日の流儀に従えば、偏微分の演算の記号は∂になるが、フーリエはdで書いている）。

そして、フーリエは級数展開を用いて、この方程式を解く方法を提示している。これがフーリエ級数に他ならない。これは一般に、複雑な周期現象を三角関数（周期性のある関数）の和に置き換えて表現する方法で、今日、工学などさまざまな分野で応用されている。

$$\frac{dv}{dt}=\frac{K}{C.D}\left(\frac{d^2v}{dx^2}+\frac{d^2v}{dy^2}+\frac{d^2v}{dz^2}\right)$$

図4－12　『熱の解析的理論』の中で導出された熱伝導方程式

そういえば、天動説の時代、行きつ戻りつする惑星の複雑な動きを説明するために人為的に天上界に描かれた「周転円」は、フーリエ級数の原型とみなしてもよいかもしれない。実際は地球も太陽の周りをまわっているため、惑星の運動は相対的にあたかも迷走しているように見えてしまうわけである。そこで、大小複数の円運動を合成して辻褄（つじつま）合わせしたのが、周転円による方法である（第3章「地動説は天動説の相似形」参照）。

古代・中世の人々は解析学もフーリエ級数も知らなかったものの、周期性をもつ円運動をいくつも足し合わせれば、目的が達せられることを経験知として感得していたのであろう。たいしたものである。

地球の年齢と熱伝導方程式

ところで、一九世紀の後半、フーリエの熱伝導方程式に依拠した、いろいろな意味で面白いと形容したくなる論文が発表された。一八六二年、イギリスのケルヴィン（一九世紀を代表する物理学者の一人。絶対温度の単位「K」は、熱力学の創設にも貢献した彼の名前に由来）が著した「永続する地球の年齢について」が、それである。

その中でケルヴィンは次のようなモデルをたて、地球の年齢を計算、その値をおよそ一億年と弾(はじ)き出した（今日、放射性元素の崩壊を利用した年代測定から、地球の誕生は約四六億年前と推定されている。それに比べると、桁違いに短いといえる）。

ケルヴィンは、誕生直後の地球は高温の溶融状態にあり、それが表面から宇宙空間に熱を放散しながら徐々に冷却し、いまある姿になったと考えた。冷却は外側から進行するので、地表付近が先に褶曲(しゅうきょく)をみせながら固まったが、地球の内部はまだ高温に保たれており、中心部は依然、初期の溶融状態にあるというわけである。蒸(ふ)かしたての肉まんを皿にのせておくと、表面の皮にシワが寄りさめて固くなるが、二つに割ると、中の餡(あん)はまだアッチッチというのに似ている。

このように、一方的に冷却が進行するという前提に立てば、相手が肉まんでも地球でも、初めの高温状態からいまある姿になるまでの時間を計算することは、当時の物理学で十分可能であった（ただし、前提が正しければの話ではあったのだが）。

で、ケルヴィンはどうしたかというと、地球を一様均質な球と仮定し——もちろん、実際にはそうではないが、地球の年齢算出という大づかみな問題を扱う場合は、こうしたモデル化は一般的に、おおむね妥当である——、岩石の融点や熱伝導率、地表から地球内部へ向かう温度勾配（深さに対する温度上昇の割合）などの観測、実験データを使って、フーリエの熱伝導方程式を計算すれば、およその地球の年齢を求めることは可能になると考えた。その結果がさきほど示したように、およそ一億年（長くても四億年、短ければ二〇〇〇万年）という値であったのである。

ケルヴィンが導いた結論では地球があまりにも若すぎるように思われたところから、地質学者や生物学者の中には違和感を覚える人も少なくなかったが、ケルヴィンが物理学的根拠にもとづいて計算した値について、誰もしかるべき科学的理由をあげて反論することはできなかった。

では、どこに間違いの原因があったかというと、それは当時まだ、放射性元素の存在が知られていなかったことにある。フランスのベクレルがウラン化合物から放射能を発見したのが一八九六年である。その後一九〇三年には、フランスのピエール・キュリーとラボルドがラジウムを使って、放射能をともなう過程では、化学反応ではとても考えられない多量の熱が発生していることを明らかにした（熱の正体は、放射性元素が出すアルファ粒子の運動エネルギーであることが、やがて突き止められる）。

つまり、地球は表面から外へ熱を放散させてはいるものの、冷却の一途をたどっていたわけではなかった。同時に、放射性元素という熱源をもち、内部から体をあたためていたのである。そうとわかれば、地球の年齢はいっきに延びることになる。

というわけで、時代の制約から、ケルヴィンの論文はそもそもの前提が正しくなく、したがって、結論もだいぶ見当違いのものになってしまったわけである。ではあるが、こういうモデル化を行えば、地球の年齢を推定できるというスケールの大きな企てをケルヴィンが抱いたのは、熱伝導方程式という適用範囲の広い、微分形式の強い味方があればこそといえる。

ニュートンは地球の形状を計算、それから二〇〇年後、今度はケルヴィンが力学の解析学化の影響で生まれたフーリエの式を用いて、地球の年齢の決定に挑んだわけである。

なお、ケルヴィンの研究には、論文に表立って記されてはいないものの、隠されたある重要な意図があった。それは、ダーウィンが『種の起源』(一八五九年)を通して唱えた進化論を殲滅(せんめつ)しようという企てである。地球の年齢がわずか一億年しかないとしたら、原始生命が人類まで進化する時間の余裕など、とてもないからである。

紙幅の都合により、物理学者が生物学の学説を攻撃した背景について、ここでこれ以上、立ち入ることはできないが、本節の初めに、ケルヴィンの論文はいろいろな意味で面白いと書いた一端はそこにもあったのである(小山慶太『科学の歴史を旅してみよう』NHK出版の「進化論と地球の年齢」参照)。

アンペールの電気力学

さて、フーリエと並んでエコール・ポリテクニクの教授をつとめ、ラグランジュの『解析力学』の感化を受けた一人に、アンペールがいる(彼は一〇代後半ですでに、この本を修得していたという)。

電気と磁気の相互作用に関する実験をつづけていたアンペールは一八二六年『実験から一意的に導かれる電気力学現象の数学的理論』を著している(図4－13)。彼はニュートン力学の方法を踏襲し、電磁気学を解析学のスタイルで扱うことを試みたのである。同書は一六〇頁余りの分量であるが、ほぼ全編にわたり、微積分の式で埋め尽くされている。書名にある「電気力学」にも、力学への傾倒が込められている(その名残は、アインシュタインが一九〇五年に発表した論文「運動物体の電気力学について」にも見られる。第1章「〝奇跡の年〟の論文ラッシュ」参照)。

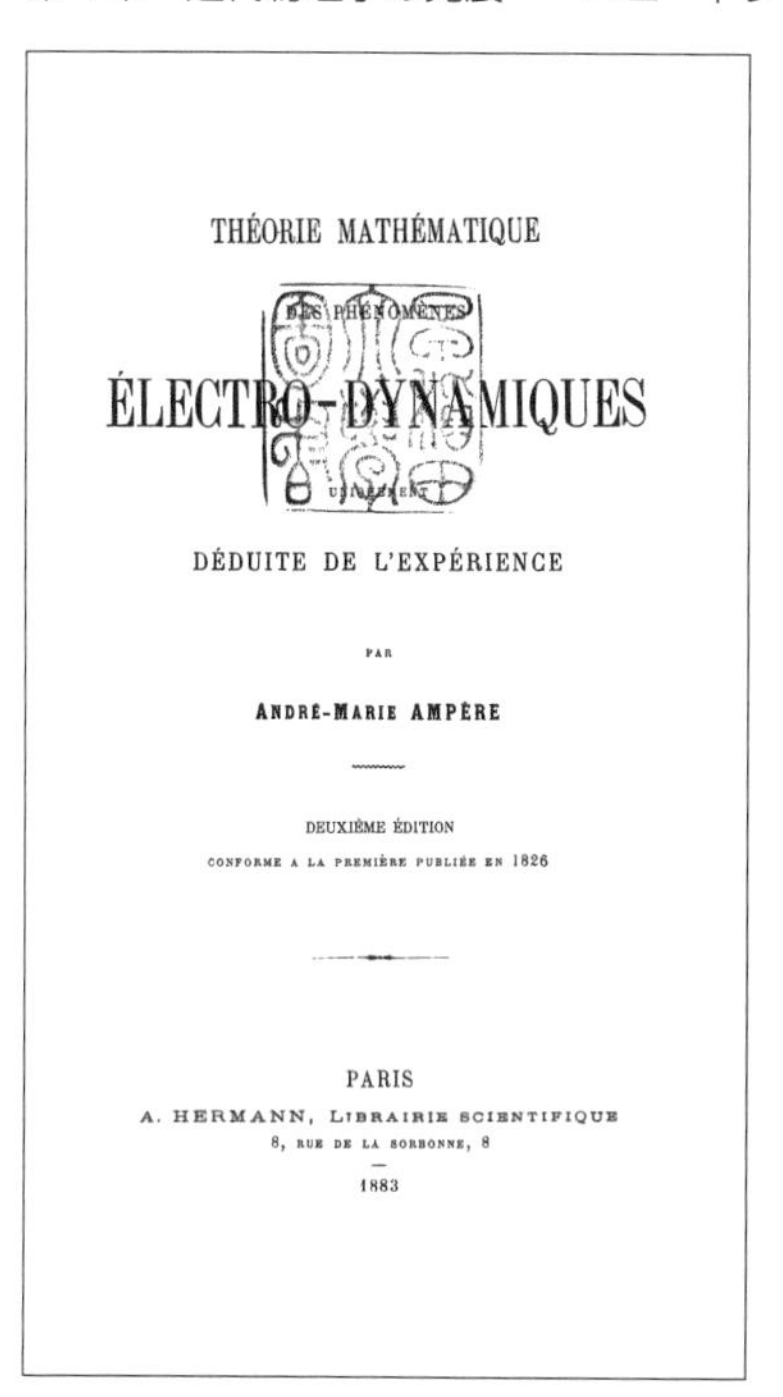

THÉORIE MATHÉMATIQUE
DES PHÉNOMÈNES
ÉLECTRO-DYNAMIQUES
UNIQUEMENT
DÉDUITE DE L'EXPÉRIENCE

PAR

ANDRÉ-MARIE AMPÈRE

DEUXIÈME ÉDITION
CONFORME A LA PREMIÈRE PUBLIÉE EN 1826

PARIS
A. HERMANN, LIBRAIRIE SCIENTIFIQUE
8, RUE DE LA SORBONNE, 8
—
1883

図4－13　アンペール『電気力学現象の数学的理論』(復刻版、1883年)の扉

　一八二〇年、エールステッドが電流の磁気

作用を発見したことに触発され、アンペールは平行に張った二本の導線に電流を通すと、両者の間に力が働くことを実験で確かめている（電流が同じ向きの場合は引力、逆向きの場合は反発力。なお、この現象は電流の単位「A（アンペア）」の定義に用いられるようになる）。書名の「実験から一意的に導かれる」の意味はそこにある。

そして、『電気力学現象の数学的理論』ではその現象が、二つの電流要素（電流が通る導線の微小な長さ）の間に働く力を微分形式で表す方法で定式化されている。ここで、アンペールが定式化に際し、電流要素という概念を使っているのは、ニュートン力学の質点にもとづく発想であろう。質点の間で作用する重力に対応するのが、電流要素の間で作用する反発力と引力だったのである。

こうして、華々しい成果を収めた力学の数理化されたスタイルは、電磁気現象の分野も席巻（せっけん）していくのである。その掉尾（ちょうび）を飾るのが、マクスウェル方程式になる。

アインシュタイン登場前夜

マクスウェルが電場と磁場の相関を四つの偏微分方程式に還元し、そこから電磁波の存在を予言したことは、すでに触れた（第２章「マクスウェル方程式と電磁波」参照）。

この問題に関し、筆者には学生時代の個人的な思い出がある。電磁気学演習の授業のとき、偏微分方程式を解き、最後の結論に至るまでの道筋を実際にたどってみた（本章末のコラム４－１）。こういう場合、初学者の常であろうが、ともかく数学の計算をつづけるのが精一杯で、式の物理的な意味を捉えるのは、往々にして疎かになりがちである。

ところが、突然、目の前に光が射し込んだかのようにして、筆の先から、電磁場の波動方程式がこぼれ出てきたのである。答がどうなるかはすでに学んでいたにもかかわらず、自分の手でその流れをたどれたときの感動はいまもよく覚えている。

「国境の長いトンネルを抜けると雪国であった」という川端康成の『雪国』になぞらえれば、「偏微分方程式の長いトンネルを抜けると電磁波であった」の思いであった。

ここに、ひとつの体系の中に基本方程式を打ち立てることの凄さが見て取れる（それを最初に示したのは、ニュートン力学）。マクスウェル方程式には表面には現れずとも、光速で走る電磁波の存在という真理がすでに、入れ子細工のように組み込まれていたからである。数理化が可能な物理学の強みが、まさにそこにある。

ところで、こうした論理構成のスタイルだけでなく、電磁波の伝播についても、電磁気学は力学的な描像の上に成り立っていた。それは電磁波（光）を伝える役割を担う実体として、「エーテル」なる仮想媒質を導入したことである。

空気があるから音が聞こえるように、何らかの媒質が空間に充満しているからこそ、電磁場が波動となり得ると考えられたわけである。もし、そうしたものがなければ、どうして星の光が地球まで届くのかという理屈になる（このあたり、何もない宇宙空間をどうして重力の作用が伝わるのかという、かつての議論と似ている）。

この点について、マクスウェル自身、『エンサイクロペディア・ブリタニカ』（一八七五年版）で「エーテル」の項目を執筆した際、「惑星間、恒星間の空間は空虚のはずはなく、何かの物質によって満たされていることは疑いない」と書いている。

電磁波の伝播速度の速さを考えると――それは音速の約一〇〇万倍にも達するので――、エーテルは非常に密度の高い弾性体（力を加えると変形するが、力を取り除くと元の形に戻る性質をもつ物質）と考えられる。こんなものが宇宙空間を占拠していたら、惑星の運動に大きな障害となりそうである。

それでも、波動論の立場を取ると、どうしても、なんらかの適当な媒質の存在を仮定せざるを得なかった。こうして一九世紀後半、物理学は一種のジレンマに陥ったわけであるが、エーテルの奇妙な性質と物体との相互作用はいずれ、力学的に説明がつけられるであろうと、楽観的に捉えられていたのである。

つまり、電磁気学は微分方程式で数理化された装いだけでなく、その基盤に想定されたエーテルなる不可思議な弾性体の振る舞いについても、力学に帰着されると期待されていたことがわかる。

　力学に倣い、数理化の装いを身につけたことは電磁気学の進歩を促したが、力学に頼ればすべての矛盾が解決するというわけには、残念ながら、いかなかった。いかなかった果てに、一九〇五年、エーテルの存在はアインシュタインによって否定されたのであった（第2章「光速度不変の原理」、図2－14参照）。

　こうして、時代はアインシュタイン登場前夜を迎えることになる。

の速度で伝播していくことがわかる。

この式にμ_0とε_0の実験値を代入すると、それは光速と一致したものである。つまり、電場と磁場は真空中を光速で伝わる波動であり、それぞれの振動面は互いに直交していることが示されたわけである。

コラム４－１：電磁波の導出

マクスウェル方程式は、電荷も電流も存在しないとした、もっとも単純な場合、以下のように書ける。

$$\mathrm{div}\boldsymbol{E}=0 \qquad \mathrm{div}\boldsymbol{B}=0$$

$$\mathrm{rot}\boldsymbol{E}=-\frac{\partial \boldsymbol{B}}{\partial t} \qquad \mathrm{rot}\boldsymbol{B}=\mu_0\varepsilon_0\frac{\partial \boldsymbol{E}}{\partial t}$$

ここで、$\boldsymbol{E}$は電場、$\boldsymbol{B}$は磁場であり、μ_0（真空透磁率）とε_0（真空誘電率）は定数である。また、divとrotは空間座標（x, y, z）に関する微分演算子になる。

さて、話を簡単にするため、電場と磁場は時間tとz方向のみに依存するとしても、結果の一般性は失われない。そうすると、微分演算子の計算から、次の２式が得られる。

$$\frac{\partial E_x}{\partial z}=-\frac{\partial B_y}{\partial t} \qquad -\frac{\partial B_y}{\partial z}=\mu_0\varepsilon_0\frac{\partial E_x}{\partial t}$$

上の右の式をもう一度、tで微分し、左の式を代入すると、

$$\mu_0\varepsilon_0\frac{\partial^2 E_x}{\partial t^2}=\frac{\partial^2 E_x}{\partial z^2}$$

となる。この式は時間と位置座標に関する２階偏微分方程式であり、それは一般的な波の運動を表している。そこから、E_xがz方向に

$$v=\frac{1}{\sqrt{\mu_0\varepsilon_0}}$$

第5章　現代物理学の発展——アインシュタインの遺産

アインシュタイン登場前夜から一九〇五年の〝奇跡の年〟を経て、一般相対性理論が完成するまでの流れはすでにたどってみた。そこで、第5章では、その後の一〇〇年を通し、アインシュタインの理論が現代物理学の多彩な分野の発展に、いかに大きな影響を与えたかを見ていこうと思う。

パラパラ動画「少年と原子」

二〇一三年、アメリカのＩＢＭ社が「少年と原子」という世界最小のアニメーションを制作した（図5－1）。

銅の基盤の上に一酸化炭素の分子を置き、走査型トンネル電子顕微鏡（ＳＴＭ、Scanning Tunneling Microscope の略）を使って分子を一個一個、わずかずつ移動させながらコマ撮りをするストップモーション方式を使い、分子で描かれた少年がダンスをしたり、ボール遊びをする動作をつくり出している。原子（が結合した分子）が絵具、ＳＴＭが筆の役割を果たしているわ

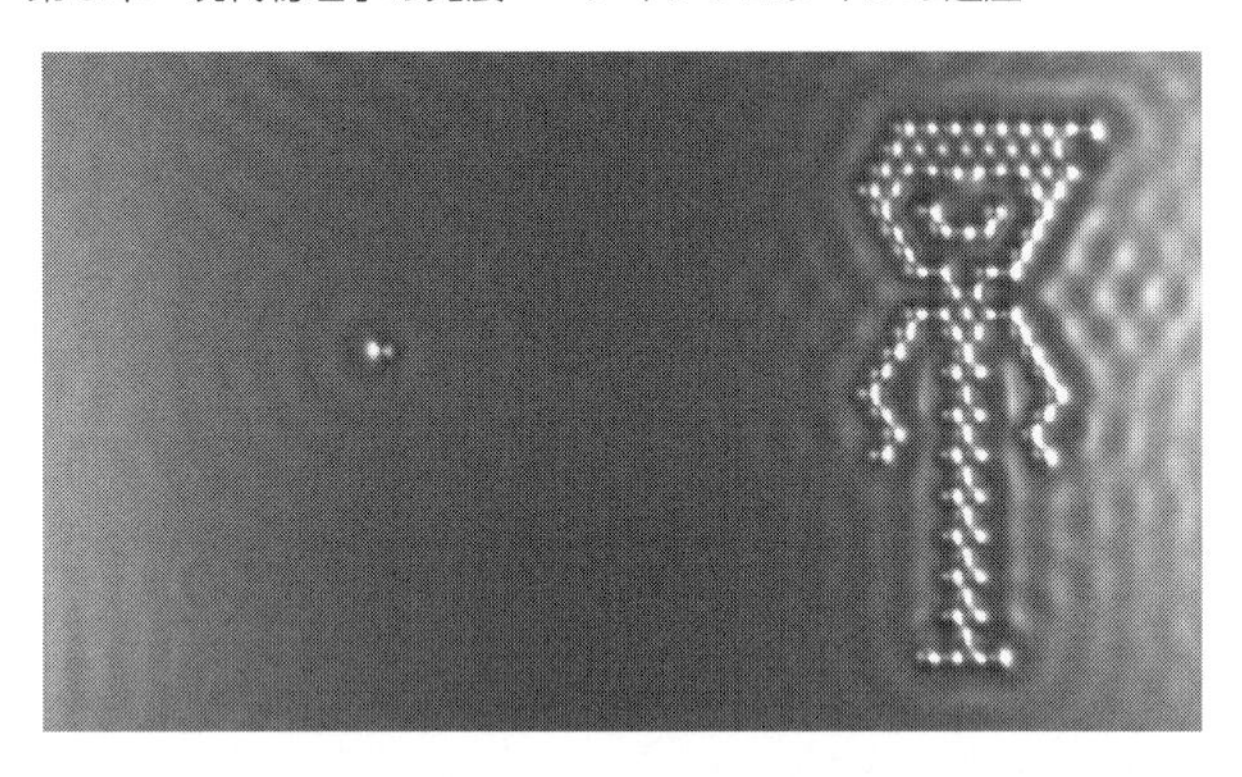

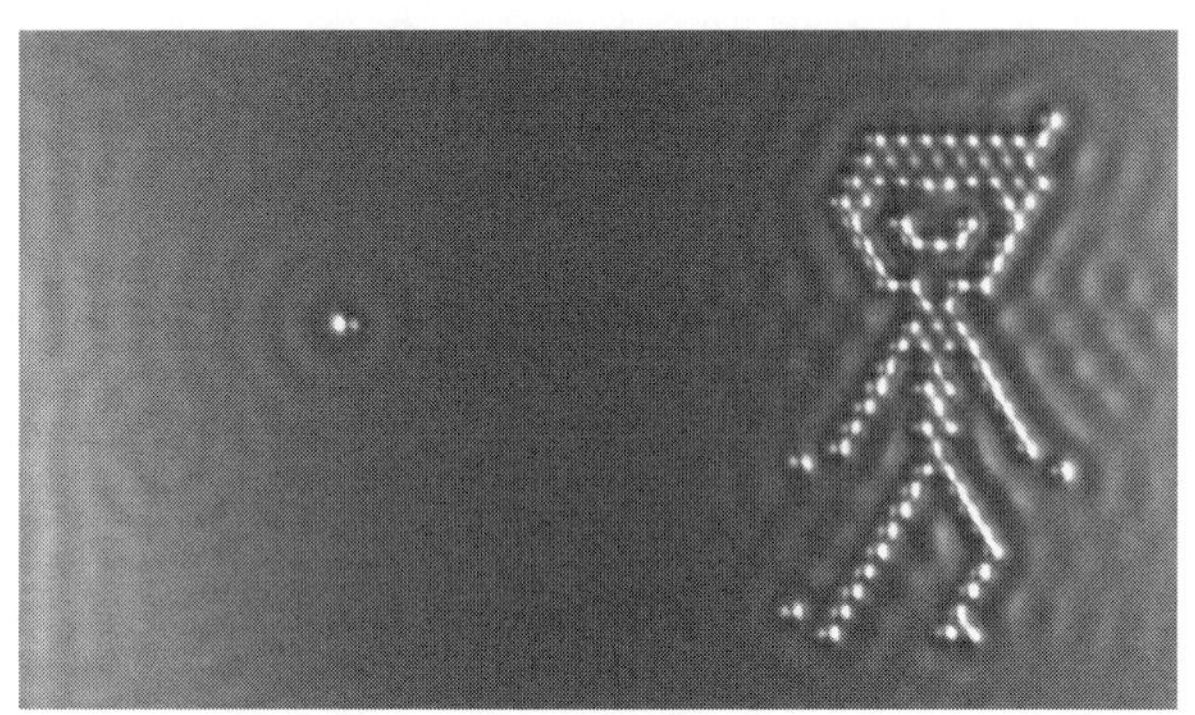

図５－１　原子で撮った世界最小のアニメーション（IBM）

けである。なお、そのためには分子の熱振動を抑える必要があるので、基盤と分子を絶対温度で約五Ｋ（マイナス二六八℃）の極低温まで冷却して、撮影が行われたという。

近年、ナノテクノロジーの進歩はめざましいものがあるが、ついに原子をここまで精確に操作できるようになったことに、あらためて驚かされる。

ここで威力を発揮し

たのは、筆の役をつとめたSTMという、比較的新しいタイプの電子顕微鏡である。

電子顕微鏡による原子の撮影

光学顕微鏡が発明されたのは、一六世紀末である。この文明の利器は極微の世界に分け入る道具として活用され、顕微鏡観察による研究が盛んに行われるようになった。中でも有名なのは、フックによる『ミクログラフィア』であろう（第2章「ニュートンの宿敵フック」参照）。以降、光学顕微鏡の改良はつづけられ、一九世紀後半に入ると、微生物学の発展にも大きく寄与するようになった。

しかし、いかに改良を重ねても、その分解能（識別可能な最小サイズ）には自ずと限界がある。観察対象が可視光の波長（約10^{-6}～10^{-7}メートル）より小さくなると、原理的に見ることは不可能になるからである（因みに、原子のサイズはおよそその一〇〇〇分の一である）。

そこで、一九三〇年代に開発されたのが電子顕微鏡である。

第2章の「光の〝変身〟」で述べたように、一九〇五年、アインシュタインは光量子仮説を提唱、粒子と波の二重性という古典的物理学にはない概念を導入した。それを受け、一九二三年、フランスのドゥ・ブローイが逆に、質量や電荷をもつ電子にも波動性が付随するとする説を発表した（これを物質波という）。そして、一九二七年、アメリカのデヴィソン、イギリスのG・

P・トムソンにより、結晶を用いた干渉実験を通し、電子の波動性が実証された。

このとき、電子の波長は電子を加速する電圧を上げると、それに応じて短くなる。したがって、電圧を調節すれば、可視光よりも短い波長を実現することは可能になる。ただし、電子の場合、光学顕微鏡のように普通のレンズは役に立たないので、磁場の作用で屈折させ（これを磁界レンズという）、像を拡大することになる。こうして組み立てられたのが、電子顕微鏡である。

その後、分解能の向上と相俟って、二〇世紀の新しい顕微鏡は多くの分野で活用されていくが、一九七〇年代に入ると、ついに原子を捉えるところまできたのである。

一九七一年、大阪で開かれたX線光学・マイクロアナリシス国際会議で、アメリカのクルーがトリウムとウラン原子を撮影した写真を発表した。約一億倍――これは野球のボールを地球の大きさにした倍率に匹敵する――に拡大された写真には、細長く連なった原子の粒が一個一個、見て取れた。

こういう電子顕微鏡観察を行うには、見ようと思う原子を何か適当な基盤の上に固定しなければならない（この点は原理的に、光学顕微鏡を使う場合と同じである）。ところが、基盤そのものも、やはり原子でできている。そのため、対象となる原子が背景の中に紛れ込んでしまい、見えにくくなる。そこで、なんらかの工夫を施してコントラストをつけ、件（くだん）の原子を背景から浮かび上がらせて捉える必要が生じてくる。クルーはこの難問を技術的に解決し、世界で初めて、原子を見るのに成功したのである。

なお、「原子を見る」と表現する場合、この〝見る〟という言葉の意味について、少し説明しておこうと思う。

原子は正電荷を帯びた原子核と、それを取り囲む負電荷の電子から成ることは、よく知られている。ここで、原子の大きさというのは、最外殻の電子がまわる軌道の広がりを指す。これがおよそ10^{-10}メートルになる。そして原子核の大きさはさらにその一万分の一程度しかなく、電子は事実上、点である。

したがって、原子を〝見る〟といっても、こうした内部構造までを拡大して眺めたわけではない。いくら電子顕微鏡の性能を上げても、量子力学が語る「不確定性原理」――これも粒子と波の二重性に起因――の制約から、原子核や電子を直接、視覚に訴える形で捉えることは原理的にできない。

では、クルーは何を成し遂げたのかというと、観察しようとする原子の位置と配列を一億倍に拡大し、決定したのである。つまり、コントラストをつけて電子顕微鏡が映し出した、ひとつひとつの粒が、原子の実在性をじかに示していたことになる。

というわけで、観察対象に当てる波を光から電子に置き換えるというブレークスルーにより、原子を捉えるところまで来たわけである。そして、ブレークスルーの源流はさきほど述べたように、光量子仮説の中でアインシュタインが唱えた粒子と波の二重性であった。

電子顕微鏡のブレークスルー

ところで、確かにブレークスルーは起きたのであるが、光学顕微鏡でも電子顕微鏡でも対象物に何かの波を当てるという点に注目すれば、その観察原理は同じといえる。

これに対し、一九七八年、チューリッヒのＩＢＭ研究所のビーニッヒとローラーが、観察原理そのものにブレークスルーを起こした。彼らはいっさい波を当てない新しいタイプの電子顕微鏡を開発した。それがパラパラ動画「少年と原子」の撮影にも使われた、走査型トンネル電子顕微鏡（ＳＴＭ）である。

この装置は電子を当てるのではなく、逆に試料の表面から電子を吸い出すのである。まさに、発想の転換そのものといえる。

先端を原子のオーダーまで鋭く研磨したタングステンの針を10^{-10}メートルの単位で試料の表面すれすれに近づけ、電圧をかけると、量子力学のトンネル効果が働き、電流が試料表面と真空の間のポテンシャル障壁を通り抜け、針の先端に向かって流れる。このとき、電流の強さは試料表面から針の先端までの距離が短いほど大きくなり、その値は指数関数に従って変化する。

そこで、試料表面に沿って針を走査していくと、トンネル電流の強弱によって、表面の凹凸の

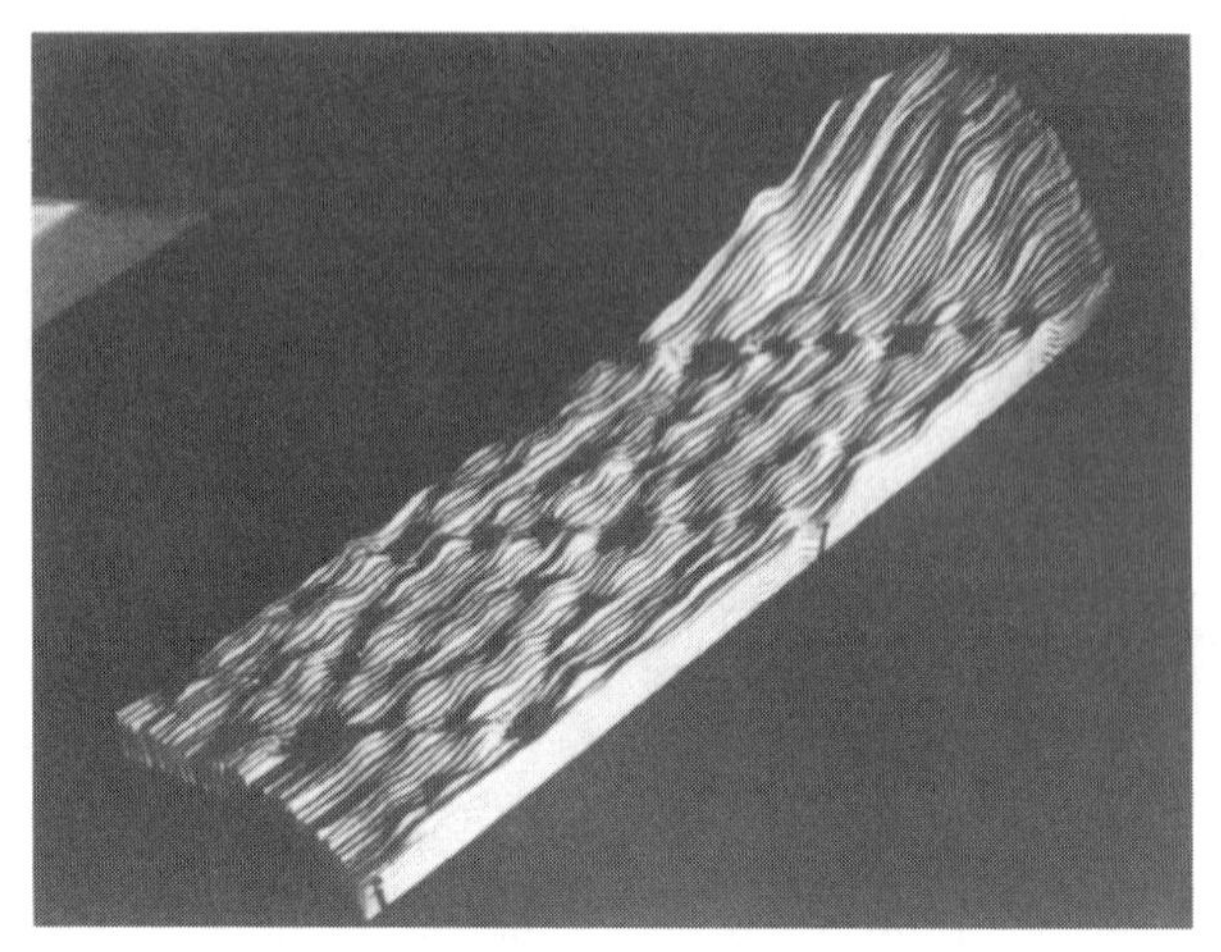

図5－2　STMが描いたシリコン表面の〝地形図〟　隆起した箇所が原子の位置（1986年のビーニッヒとローラーのノーベル賞講演より。*"Nobel Lectures Physics 1981–1990"*, World Scientific）。

形状が10^{-10}メートルのレベルで読み取れ、表面の原子配列を高い精度で観察することができるのである。原子の位置が隆起して見えるミクロの〝地形図〟が描けると表現してもよいかもしれない（図5－2）。

こうして、パラパラ動画の制作では、銅のチップの上にのせた分子の位置をまず確定し、次に針と分子の間に生じる化学結合の引力を利用して、分子を移動させながら、一コマずつ絵を描いていったのである。

もちろん、動画はSTMの能力をわかりやすく伝えるデモンストレーションとしてつくられたものである。その応用は原子スケールのメモリー開発などの分野で重要な役割が期待されている。

原子は実在するのか

ところで、原子一個一個をつかみ、自在に操作できるようになった今日から見ると、やや意外に思われるかもしれないが、二〇世紀の初めはまだ、原子の実在性は物理学者や化学者の間で議論の渦中にあった。

オーストリアのマッハやドイツのオストヴァルト（一九〇九年ノーベル化学賞受賞）などの大物科学者の中にも、原子の存在を頭から否定する人々がいた。彼ら反原子論者の根拠は単純明快である。原子は見ることも触れることもできないからである。マッハは自分の前で原子について語る人がいると、「あなたはそれを見たのですか？」と相手に厳しく迫ったという。反原子論者にとって、見えもしない原子は化学反応を記述する上で便宜的に導入された記号のようなものにすぎず、所詮は作業仮説の域を出るものではなかったのである。

代わって、彼らが物質観の拠り所としたのは、エネルギーであった。当時すでに、エネルギーは定量的な測定が可能であり、相互変換性と保存則が確かめられており、原子よりもよほど実体としての手応えが感じられると思われていたのである。

というわけで、二〇世紀初めは、反原子論者の勢いがそれなりに強かったことがわかる（そう思うと、マッハやオストヴァルトといった大物に、原子の電子顕微鏡写真やパラパラ動画を見せたら、どんな反応を示したであろうかと想像したくなる）。

こうした状況の中、原子、分子の実在性に確証を与えることになる理論的なきっかけとなったのが、アインシュタインの一九〇五年の論文「熱の分子運動理論から要求される静止した液体中の懸濁粒子の運動について」であった（表1－1参照）。タイトルが長いが、これは俗に「ブラウン運動の理論」と呼ばれる研究である。

ブラウン運動と分子

一八二七年、イギリスの植物学者ブラウンは花粉を水に浮かべ、顕微鏡で観察すると、細胞に含まれる微粒子が小刻みにジグザグ運動することに気がついた。初め、ブラウンはそれが生殖細胞がみせる生命現象ではないかと考えた。粒子そのものが生きているために起こす運動と思われたのである。

ところが、死んだ細胞や物質を粉砕した粒子でも、まったく同じ現象が観察された。そして、一般に顕微鏡下で見えるサイズの粒子が液体中に分散した状態にあるとき（これをアインシュタインの論文のタイトルにある「懸濁」という）、粒子は不規則に振動をつづけながら動きまわることが知られるようになった。そこで、この現象は「ブラウン運動」と総称されている（図5－

3）。

ブラウン運動は浮かべる粒子の種類にはあまり依存せず、粒子が小さいほど振動が激しくなるという特徴を示した。そこから、小舟の方が大型船よりも波の影響を受け、揺れが大きいように、こうしたブラウン運動の特徴は、粒子がそれを取り囲む液体の微小部分（つまり分子）の作用を受けているためと推測された。

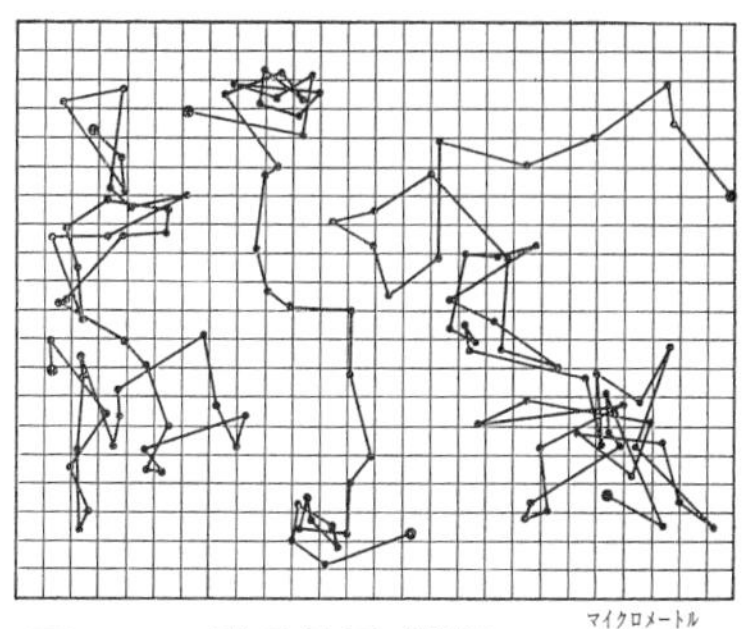

図5－3　乳香粒子（半径0.53μm、1μmは100万分の1m）の位置を30秒ごとに観察したときのブラウン運動　長さのスケールは目盛り16区分が50μm（J・ペラン『原子』岩波文庫より）。

というわけで、植物学者が発見した現象の解明はやがて物理学者に委ねられ、アインシュタインの出番となったわけである。このとき、アインシュタインは原子の存在を前提とすれば、液体分子の熱運動にもとづいて、粒子の振る舞いを説明できると考えた。また、それによって原子の固有の大きさを正確に決定できると見込んだのである。マッハは原子論者に向かって「あなたはそれを見たのですか？」と問い詰めたが、アインシュタインはたとえそれを見なくても、原子の存在証明は可能という論陣を張ったわけである。

アインシュタインの論理の展開は、およそ次のような流れとなる。

水に浮かぶ粒子が大きく、表面積が十分に大きい場合は、粒子に衝突する単位時間ごとの水分子の数はあらゆる方向について均一となる。したがって、粒子が受ける圧力は全方向に関し相殺されるため、粒子が動き出すことはない。

ところが、粒子が懸濁レベルになると、その表面積はきわめて小さくなる。その結果、衝突してくる水分子の数が瞬間的に、特定の方向に偏る状態が生じ得る（これをゆらぎという）。つまり、圧力のバランスが崩れるわけである。そうなると、粒子はその方向に押されて動き出す。こうした瞬間ごとの圧力の不均衡が方向を変えながら継続すると、粒子は図5－3にあるような不規則な動きを示すことになる。

ところで、エネルギー保存則を取り込んで一九世紀に確立された熱力学は確率にもとづく物理学といえる。言葉を換えれば、大数の法則に従う現象を扱っている。エントロピーの法則が、そのよい例である。煙が拡散し、コーヒーの中でミルクが広がり、シャッフルしたトランプの順番がバラバラになるのは、取り得る確率の値が小さい状態から大きい状態へと移っていくからである（つまり、外からエネルギーを供給せず、放っておくと、エントロピーは増大し、その値が最大となったところで、変化は停止する）。

自然に煙が発生場所に戻って一ヵ所に集まることも、コーヒーとミルクが分離することも、シャッフルされたトランプがエースからキングまで順にそろってしまうこともあり得ない。これはいずれの場合も、対象を構成する要素が多く、大数の法則が当てはまるため、エントロピーが減少方向に移る確率が事実上0だからである。

ところが、トランプを例に取れば、その枚数が五二枚でなく、四枚（♥エースから♥4まで）しかない場合はどうであろうか。この順にそろった四枚をシャッフルすると並び順は乱雑になる（エントロピーが増大する）ことが多いが、四枚であれば、初めの状態に戻ってしまうことも起こり得る（エースから4までの順に並ぶ確率が二四分の一、その逆の並び方も二四分の一になるので、きれいにそろう確率としては一二分の一になる）。つまり、構成要素が少なくなると、結果は大数の法則からはずれてくる。そして、こうした状況下では、熱力学は厳密には成り立たなくなる。

アインシュタインが注目したのは、まさにそこである。懸濁粒子の場合、数が少ないトランプのように熱力学からのずれが生じ、ゆらぎ現象が見られるため、ブラウン運動が起きると予測したのである。

粒子の変位とアヴォガドロ定数

で、アインシュタインは具体的に何を計算したかというと、水の分子から受けるランダムな衝突によって、懸濁粒子が平均してどれくらいの変位（位置の移動の長さ）を起こすかを求めたのである。

その結果、平均変位は懸濁液の温度、粘性係数、粒子の直径、観測時間に依存することが定量的に示された。これらの量はいずれも測定ないし算定可能である。

また、変位を与える式にはその他に、気体定数とアヴォガドロ定数が含まれている（本章末のコラム5－1）。

ここで、気体定数とは気体の圧力と体積の比が絶対温度に比例する関係式（ボイル－シャルルの法則）に現れる比例定数で、その値は実験で求められる（なお、ブラウン運動の理論に気体定数が組み込まれたわけは、懸濁液は気体法則に従う滲透圧（しんとうあつ）をもつと、アインシュタインは考えたからである。熱平衡にある懸濁液では粒子の密度が一様になる状態に向け、拡散が起きるためである）。

そこで、アインシュタインが導いた粒子の平均変位の式が実験値と一致すれば、そこから、アヴォガドロ定数（ある一定条件下で、物質に含まれる原子あるいは分子の個数）が決定できることになる。

アヴォガドロ定数は約６×10^{23}とべらぼうな大きさになるが、原子、分子の個数がかぞえられるということは、その実在証明につながるわけである。

一九〇五年の論文の最後に、アインシュタインは「ここに提起した熱理論に関する重要な問題を間もなく、研究者の誰かが解決してくれることを願う！」と書き、アヴォガドロ定数の測定を実験家に呼びかけている。

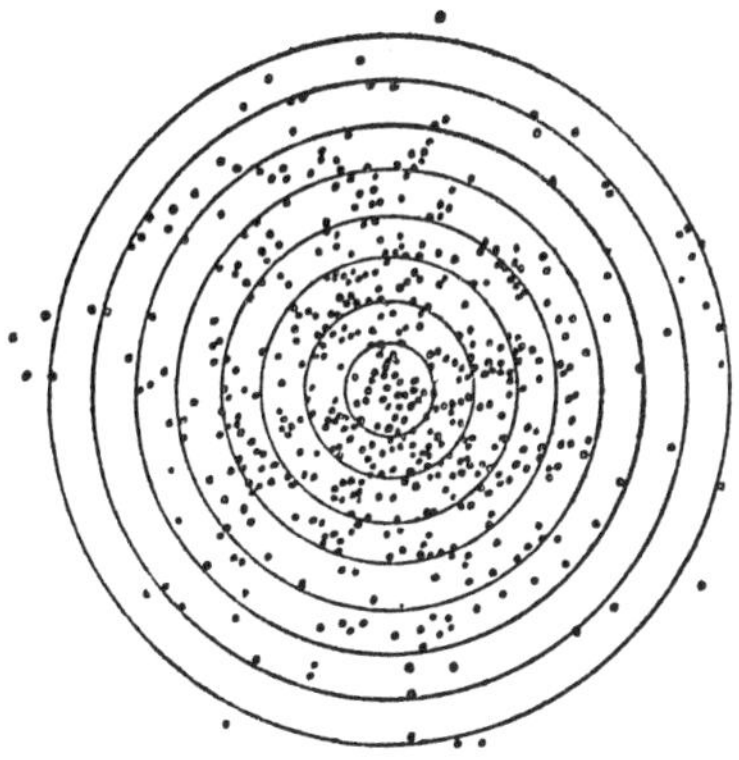

図５－４　変位の分布

呼びかけに応えたのは、フランスのペランであった。

一九〇八年から一三年にかけ実験をつづけたペランは、顕微鏡のもとで、粒子の水平方向の変位を一定の時間間隔を置いて記録した（図５－３参照。方眼紙に投影された線分から、それが読み取れる）。そのデータとアインシュタインの式から、アヴォガドロ定数の平均値として約６・４×10^{23}の値を得ている。

また、ペランは変位の頻度分布も調べている。図５－４は、観測されたすべての変位を平行移動し、共通の原点をもつようにした（変位の出発点を同じ位置に置き換えた）とき、一定時間後に粒子が移動してきた位置を点で示してある。同心円の中心がこの原点に当たり、同心円の半径が一定間隔ごとに区切った変位の長さの範囲に対応する。

つまり、一番内側の円内にある点は変位が最小のグループを表している。一番内側の円とその外側の円にはさまれた円環領域にある点は、変位がその次の範囲に属するグループに当たる。という具合に、外側に向かうほど変位は大きくなる。

アインシュタインは一九〇五年の論文で、こうした変位の分布式を導き出しているが、ペランが観測した五〇〇回の変位はアインシュタインの式にもとづく計算値とのよい一致をみた。

こうして、原子と分子の実在性が確かめられ、物質はそれらを構成要素とする非連続性を示すことが明らかにされたのである。

この業績で一九二六年、ノーベル物理学賞を贈られたペランは受賞講演で面白いことを語っている。「原子、分子の存在は証明されたが、それを直接、観察できたら、物質に関する理解はさらに深まるに違いない」と述べたのである。

アインシュタインのブラウン運動の理論を巧みな実験で検証し、原子、分子に肉薄するところまで迫ったペランにしてみれば、なんとかして、それを実際に自分の目で見てみたいという思いが強かったのであろう。そう考えると、マッハやオストヴァルトよりも、ペランにこそ、クルーが撮影した原子の電子顕微鏡写真やＩＢＭのパラパラ動画「少年と原子」を見せてあげたいと思う。

イギリスの一流誌に掲載を拒否された論文

さて、原子に関してアインシュタインはもうひとつ重要な業績を残している。それは一九二四年から二五年にかけて発表された論文「一原子理想気体の量子論」の中で理論的に予想された、「ボース－アインシュタイン凝縮」と呼ばれる現象である（これもその基盤にあるのは、粒子と波の二重性になる）。

一九二四年、アインシュタインのもとに、インドのダッカにいたサティエンドラ・ナート・ボースという見知らぬ三〇歳の若者から、「プランクの放射法則と光量子仮説」と題する論文が送られてきた。添えられた手紙によると、ボースはこの論文をイギリスの『フィロソフィカル・マガジン』に投稿したものの、掲載を拒否されてしまった。そこで、ボースはアインシュタインの名声を頼り、自分の論文が然（しか）るべき雑誌に掲載されるよう尽力願えないかと、一面識もない大物理学者に訴えてきたのである。

なお、ボースの論文が審査を通らなかった『フィロソフィカル・マガジン』（*Philosophical Magazine*）とは哲学ではなく、一七九八年に創刊された科学の学術雑誌である。誌名に「哲学」とあるのは、ニュートンが論文を発表した王立協会の機関誌『哲学会報』（*Philosophical*

Transactions）と同様、科学が自然哲学（Natural Philosophy）として捉えられていた時代の名残である。

一九世紀の『フィロソフィカル・マガジン』を開くと、ファラデーの電磁誘導の発見（掲載は一八三二年）、ジュールの熱の仕事当量の測定（一八四三年）、ケルヴィンの絶対温度目盛（一八四八年）、マクスウェルの電磁場の理論（一八六一〜六二年）、J・J・トムソンの陰極線の粒子性（一八九七年）など歴史を刻む論文が並んでいる。

また、二〇世紀に入ると、ラザフォードの原子の有核模型（一九一一年）、ボーアの原子模型と原子スペクトルの量子論（一九一三年）、モーズリーの原子番号と元素の固有X線（一九一三年）などの論文が、同誌を飾っている。

こうした輝かしい伝統と実績を眺めると、アジアの無名の一物理学徒が書いた論文が掲載まで漕ぎつけるには、いささかハードルが高かったようである。しかし、没にされても諦めなかったボースは——それだけ、内容には自信があったのであろう——勇を鼓して、アインシュタインに論文を送ったのである。

後から振り返れば、ボースにとって自信作が一度、没にされたのは幸いであった。塞翁（さいおう）が馬である。ボースの論文を読んだアインシュタインはそこに展開されている理論を高く評価し、自らドイツ語に翻訳、『ツァイ"Planck's Gesetz und Lichtquanten Hypothese"というタイトルで

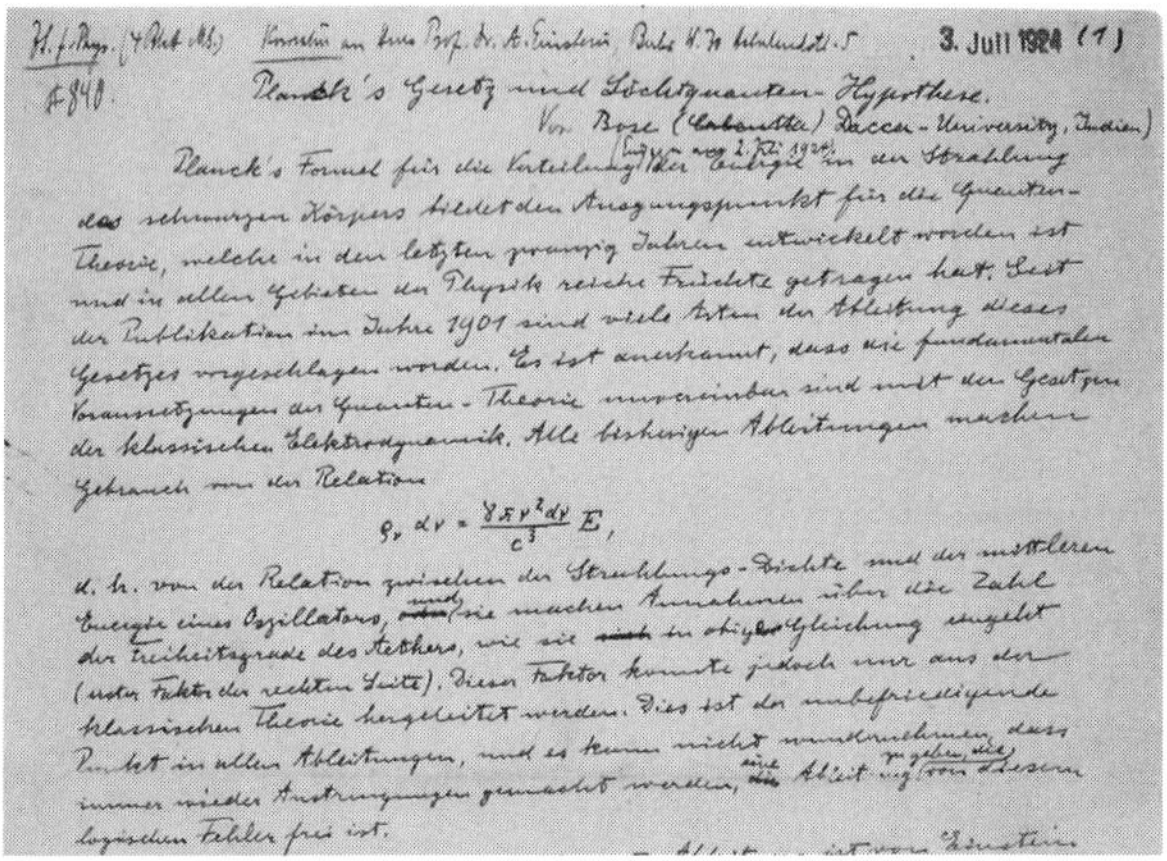

3. Juli 1924 (1)

Planck's Gesetz und Lichtquanten-Hypothese.

Von Bose (Dacca-University, Indien)

Planck's Formel für die Verteilung der Energie in der Strahlung des schwarzen Körpers bildet den Ausgangspunkt für die Quanten-Theorie, welche in den letzten zwanzig Jahren entwickelt worden ist und in allen Gebieten der Physik reiche Früchte getragen hat. Seit der Publikation im Jahre 1901 sind viele Arten der Ableitung dieses Gesetzes vorgeschlagen worden. Es ist anerkannt, dass die fundamentalen Voraussetzungen der Quanten-Theorie unvereinbar sind mit den Gesetzen der klassischen Elektrodynamik. Alle bisherigen Ableitungen machen Gebrauch von der Relation

$$\rho_\nu d\nu = \frac{8\pi\nu^2 d\nu}{c^3} E,$$

d. h. von der Relation zwischen der Strahlungs-Dichte und der mittleren Energie eines Oszillators, und sie machen Annahmen über die Zahl der Freiheitsgrade des Aethers, wie sie in obige Gleichung eingeht (erster Faktor der rechten Seite). Dieser Faktor konnte jedoch nur aus der klassischen Theorie hergeleitet werden. Dies ist der unbefriedigende Punkt in allen Ableitungen, und es kann nicht wundernehmen, dass immer wieder Anstrengungen gemacht werden, eine Ableitung zu geben, die von diesem logischen Fehler frei ist.

図5－5　ボースの論文をアインシュタインがドイツ語に翻訳した原稿（A・ロビンソン編著、前掲書）

トシュリフト・フュア・フィジーク（*Zeitschrift für Physik*）』に推薦した（図5－5）。そのおかげで、著者はまったく無名、翻訳者は超有名なノーベル賞物理学者という面白いコンビによる論文「プランクの放射法則と光量子仮説」は一九二四年、ドイツの一流誌に発表される運びとなった。

プランクのジレンマ

論文のタイトルにある「プランクの放射法則」とは、一九〇〇年、プランクがエネルギー量子という古典物理学にはない新しい概念を導入して提唱した、熱放射のスペクトルを与える公式である（第2章「光はエネルギーをもつ粒子」参照）。

ただし、放射公式を導き出す過程で用いられたのは、熱力学にもとづくエントロピーとエネルギーの関係であった。エントロピーSは系がある物理的状態を取り得る数（確率）Wで記述できる（$S = k\log W$、kはボルツマン定数とよばれる普遍的な値）。

第2章で述べたように、プランクは熱放射を微小な電磁的振動体から発せられる現象と考えたわけであるが、もし振動体のエネルギーが無限に小さく分割できるとすると（つまり、エネルギーが連続的な値を取るとすると）、エネルギーがある値を取る状態の数は無限大に発散してしまう。

そこで、この発散を回避するための苦肉の策として、プランクはエネルギーには$h\nu$で与えられる最小単位（エネルギー量子）があり、放射のエネルギーEはその整数倍の値（$E = nh\nu$）しか許されないという仮定を設けたのである（νは振動数、hはプランク定数、nは整数）。こう仮定すると、エントロピーの式に現れるWは、$h\nu$で与えられるn個のエネルギー量子を振動体ごとに配分するやり方の数に対応する。

このように、古典物理学と異なり、エネルギーを離散的な不連続量として扱い、熱力学の計算を行うと、測定される熱放射のスペクトルと一致する式が得られたのである。

ここで、ひとつたとえをあげると、スロープと階段の対比がわかりやすいかと思う。スロープでは任意の高さに立つことができる。つまり、立つ位置は連続的に変化するので、取り得る状態

Wは無限大になる。一方、階段ではそうはいかない。$h\nu$に相当する段差があり、それに段数nをかけた高さにしか立てないからである。スロープが古典物理学、階段が量子論に当たることになる。

ところで、実験と計算の一致はみたものの、プランク自身はこの一致に対し違和感を拭いきれなかった。当時の物理学の常識に抵触するエネルギー量子に、自ら戸惑いを覚えたのである。

一九一八年のノーベル物理学賞の受賞講演で、プランクはそのときの心境をこう語っている。「放射の法則の導出自体が幻想であり、数学上の遊びにすぎなかったのか、あるいは物理学的に新しい意味をもっていたのかのいずれかであった。もし後者だとすれば、ライプニッツ、ニュートンによって微積分法が確立されて以降、物理学はあらゆる連続性の上に成り立っているとする考えが、根底から崩れてしまうことになる」

こうしたプランクの戸惑いを払拭し、量子仮説に物理的な意味を与えたのが、アインシュタインの光量子仮説であったわけである（プランクはノーベル賞講演で、この点についても言及している）。

また、アインシュタインは一九〇七年、論文「放射に関するプランクの理論と比熱の理論」を著している。ここでアインシュタインは固体を構成する原子の熱振動を電磁的振動体のアナロジーに見立て、プランクの放射理論を使って、固体の比熱の計算を行っている。当時、熱力学を用いた固体の比熱の理論値はいくつかの点で実験値と合わないことが指摘されていたが、放射だけでなく、物質の熱的性質にも量子論を適用したアインシュタインの論文は、この食い違いに修正を施したのである。

なお、アインシュタインは比熱を計算する際、固体は独立した振動体(熱振動している原子)の集合体とするモデルを使ったが、その後、デバイらがこのモデルを改良し、実験値とよりよい一致を示す理論の提唱に成功している。こうして、原子の熱振動のエネルギーもまた、量子化されていることが示された。

というわけで、プランクが打ち出した放射の理論は物理量の不連続性という新機軸のもと、広く注目を集めるようになるが、その基盤にあったのは、熱力学に依拠した統計的な扱いであった。その限りでは、古典物理学の枠内から抜け出しきってはいなかったのである。

ところで、歴史をたどると、革新的な理論であっても、体半分は旧来の学説、自然観に捉われていたという例はいくつも目につく。いかに天才といえども、自分が生きた時代の制約から完全に自由になることはできないからである(その例外は、アインシュタインくらいかもしれない)。

本書で取り上げた事例でいうと、地動説を唱えながらもコペルニクスは、惑星の軌道の形に円を温存し、その点に関していえば天動説を踏襲していた。円が否定されるのは、ケプラーの出現まで待たねばならなかった。ニュートンは重力の法則を発見し、ケプラーの法則を数学で証明したが、重力の作用に関しては、宇宙に神の存在を見ていた。力学から神が追放されるのは、ラプラスの『天体力学』によってであった。また、マクスウェルは電磁場の方程式から電磁波を導き出したが、それはエーテルという媒質を仮想した上での理論であった。エーテルなど無用と叫んだのは、アインシュタインである。

という具合に、革新的な理論といえども、その時代の——後から振り返れば間違った——思想、自然観の産着（うぶぎ）をまとって生み落とされたことがわかる。プランクの放射理論もまた、古典物理学から現代物理学へと移行する過渡期を象徴する、その典型であった。

ボースが導入した量子統計

これに対し、プランクの放射法則から古典物理学の色彩を払拭したのがボースの論文である。ボースは光（電磁放射）を光子（光量子）という〝粒子〟から成る〝気体〟とみなし、量子論にもとづく新しい統計手法（これは今日、ボース統計と呼ばれている）を導入すれば、熱力学に頼らなくても、プランクの放射法則が同じように導き出されることを証明したのである（それにしても、これほど独創性の高い論文を『フィロソフィカル・マガジン』はどうして没にしてしまったのであろうか、不思議である。さすが、アインシュタインの慧眼（けいがん）はそれを見逃さなかった）。

たとえば、原子の中をまわる電子の場合、同一のエネルギー準位には一個の電子しか入れない。乗車の際に、指定席券をもった人しかひとつの席に座れない列車のようなものである。したがって、多数の電子から成る系では、電子は低いエネルギー準位から順に一個ずつ、座席を割り当てられていく。そのように電子を分配すれば、系全体としてはもっとも低いエネルギー状態に収まるが、個々の電子はエネルギーが低い席から高い席まで分布することになる。

一方、ボース統計に従う光子は座席指定券を購入する必要はなく、同一のエネルギー準位に何個でも無制限に入ることができるのである。ぎゅうぎゅう詰めになるラッシュアワーの通勤電車にたとえられる。つまり、系としてもっとも低いエネルギー状態を考えると、すべての光子がそこに収まっていることになる。

エネルギー準位の占め方で電子と光子のこうした違いは、ほどなく、スピンと呼ばれる素粒子の物理量に関係することが明らかにされる。すべての素粒子はそのスピンによって、このどちらかのグループに分けられるのである。そして、電子のようなエネルギーの取り方をする粒子を「フェルミオン」(イタリアのフェルミに由来)、光子のようなそれを「ボソン」(ボースに由来)と呼んで区別している。

ボースは、ボソンのエネルギー分布を認めると、古典的物理学を持ち込んだ折衷案を使わずとも、プランクの放射理論をそのとおり再現できることを示したのである。つまり、それを完全に量子論の土俵に移し変えたことになる。

ここで、アインシュタインはボースの論文の紹介の労を取っただけでなく、その理論を光子の代わりに気体の原子に適用してみた。

すると、後に「ボース－アインシュタイン凝縮」と呼ばれるようになる、奇妙で不思議で、とてもあり得へんと思われるような相転移現象の出現が予測されたのである。その論文が一九二四年に発表された「一原子理想気体の量子論」とその翌年の続編になる。

極低温のあり得へん相転移

一般に、気体を構成する粒子の速度（エネルギー）分布は、マクスウェルが気体分子運動論から計算した式で表される。それは釣り鐘型の正規分布をなし、そのピークに当たる粒子の平均エネルギーが気体の温度に対応する。つまり、マクロには一定の温度として測定されるが、ミクロに見れば、気体の中には速い粒子と遅い粒子が混在し、ランダムに動きまわっているわけである。

ところが、ボースの理論に従ってアインシュタインが気体原子のエネルギー分布を計算してみると、極低温の領域で、気体のすべての原子がそろって最低エネルギー準位に入ってしまうという現象が予測された。こうした現象が起きる臨界温度は原子の種類によるが、この温度を境にして、光子と同様、大量の原子がひとつのエネルギーの席に詰め込まれるのである。この詰め込みが、ボース－アインシュタイン凝縮である。

なお、普通、凝縮というと、粒子どうしが密着し、物質の密度が高くなることを指す。気体の温度を下げていくと液体となり、さらに冷却をつづければ固体になるのが、まさにそうである。低温になるにつれ、粒子の動きが鈍くなると粒子間の引力がまさり、凝縮が起こるわけである。その際、気体から液体、液体から固体へというように、劇的に生じる状態の変化を相転移と呼んでいる。

ところが、ボース－アインシュタイン凝縮はこうした粒子間の引力によって密度が高くなるのではなく、原子のエネルギー分布が最低状態に集中するという意味での凝縮なのである。実空間の中の出来事ではなく、エネルギー空間での現象になる。

さて、こうした凝縮が起きると再び、粒子と波の二重性が顔を出す。

電子顕微鏡のところで触れたように、一九二三年、ドゥ・ブローイが電子に波動性を与える理論を提唱した。これはアインシュタインの光量子仮説（電磁波→光の粒子）の逆を行く考え（荷電粒子→電子波）といえる。ここで、ドゥ・ブローイの論文とボースの論文は偶然であるが、時期が重なっていることに気がつく。そして、二人の論文が相乗効果を起こし、アインシュタインのインスピレーションに火をつけたような気がする（こういうところにも、アインシュタインならではの凄さが見て取れる）。

一般に、運動量pの粒子には、$\lambda = h / p$で与えられる波長が付随するというのが、ドゥ・ブローイの理論である。この関係式が示すように、粒子の波長λは運動量pの減少に反比例して長くなる。

気体を冷却していくと、原子の動きは遅くなるので、運動量は小さくなる。また、原子間の平均距離も短くなる。逆に、原子に付与された波長は長くなっていく。さらに冷却が進むと、ある段階で（臨界温度に達したとき）、波長が原子間の距離よりも長くなり、原子に付随する波どうしが重なり合ってくる。

このとき、原子は全員、最低エネルギー準位に落ち込んでいるので、それぞれの波長は等しくなる。波長が同じ複数の波が重なり合うと干渉の結果、気体を構成する原子系全体がひとつの巨大な波として振る舞うようになる。

この巨大な波を今度は粒子としての側面から捉えると、ボース－アインシュタイン凝縮を起こした気体原子の集団は全体がひと塊となり、一個の巨大な〝お化け原子〟とみなせるようになる。気体の温度低下につれ、凝縮が起きるプロセスを模式的に表すと、図5－6のようになる。

(a)高温では気体原子間の引力は弱く、原子は速度v、互いの平均距離dで、ビリアードの玉のようにランダムな動きをしている。(b)低温では原子の平均速度が遅くなるので、量子論によると原子は付随する波長λ_{dB}（ドゥ・ブローイ波長、温度Tの平方根に反比例）の広がりをもつ波動と

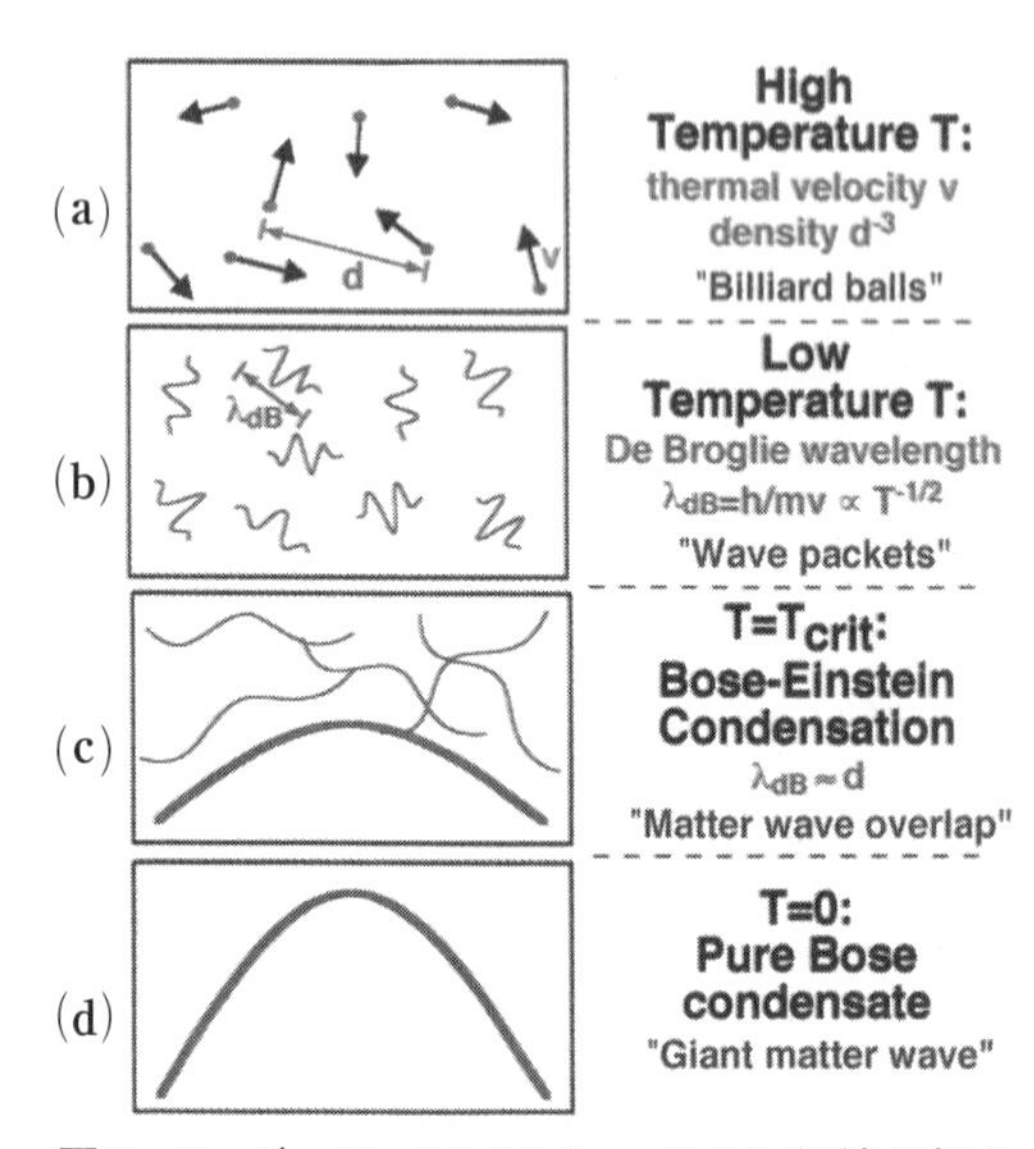

図5－6　ボース－アインシュタイン凝縮が起きる温度変化（2001年のケターレのノーベル賞講演より。"*Nobel Lectures Physics 2001–2005*", World Scientific）

しての性質が前面に出てくる。(c)さらに温度が下がり、ボース－アインシュタイン凝縮の臨界温度 T_{crit} に達すると、λ_{dB} は原子間の距離に相当する長さとなり、原子の波の重なりが生じる。(d)温度が絶対0度（$T=0$）に限りなく近づくと、すべての波の位相がそろい、気体原子全体が巨大な物質波をつくる。これが純粋な凝縮を表している。

気体、液体、固体の間で物質がそれぞれの臨界温度を境にして、その形態をドラスティックに変化させることを相転移と呼ぶことはさきほど述べた。ところが、絶対0度に近い極低温の領域に入ると、上記の相状態は維持したまま、物質の性質が突然、劇変するという、量子論の効果に起因する新しいタイプの相転移が生じる。

すぐ思い浮かぶのは、超伝導現象であろう。一九一一年、オランダのカマーリング・オンネスは液体ヘリウムを使って冷却した水銀が四・二K（絶対温度）まで温度を下げると、電気抵抗が消失、電流が減衰することなく流れつづけることを発見した。水銀はオームの法則が成り立つ常伝導状態から、それが破綻する超伝導状態へと固相のまま、相転移したのである。

超伝導のメカニズムは一九五七年、アメリカのバーディーン、クーパー、シュリーファーによって解き明かされる。その鍵となったのは、水銀原子の熱振動である。

アインシュタインは固体の比熱を説明するのに、原子の熱振動にプランクの放射理論を適用し、熱振動もまた、エネルギー量子を単位とする塊としてみなせると考えた。この塊を〝準粒子〟と呼ぶ。光子や電子、原子のような粒子ではないが、粒子と波の二重性にもとづけば、その振る舞いが粒子として〝擬人化〟できるという意味である。そして、この準粒子をフォノン（音波を量子化した粒子）と呼ぶ。

バーディーンらは超伝導を説明する上で、このフォノンに注目した。原子の熱振動は電流を邪魔する阻害要因として働く。それをマクロに見れば電気抵抗に他ならない。ところが、臨界温度以下の低温になると、阻害要因であったはずの原子の熱振動がフォノンと化し、それを媒介にして、二個の電子がペアを組んだ集団がどーっと発生する。そして、フォノンをやり取りしながら、電子ペアは決して壊れることなく、導体内を流れつづける。

こうして、本来、抵抗であったはずの要因が逆に、電子ペアを結合させるという働きに変化する相転移が、超伝導の源であった。

似た様に、気相の状態はそのままにして、すべての原子が最低エネルギー準位に並び、気体全体が一個の巨大な〝お化け原子〟の如き様相を呈する相転移がボース－アインシュタイン凝縮である。

ところで、水銀の超伝導は四・二Kで認められたが、ボース－アインシュタイン凝縮の臨界温度はこれより、桁違いに低かった。それは一〇〇万分の一Kというとてつもない低温であった。アインシュタインが論文を発表した当時、とてもこれほどの極低温をつくり出すことはできなかった。そのため、凝縮が本当に見られるのかを確かめる術（すべ）はなく、それはアインシュタインの理論が綴る夢物語と思われていた。実現の見通しは立たなかったのである。

夢物語が現実へと〝相転移〟するのは、それから七〇年後の一九九五年であった。そこで、その話題に移る前に、七〇年の長きの中で成された、アインシュタインをめぐる他の研究のいくつかを先に見ておくことにしよう。

コンプトン効果とラマン効果

ボースの他にもう一人、アインシュタインと縁の深いインドの物理学者がいる。一九三〇年、アジア人として初めてノーベル物理学賞を受けたラマンである（『プリンキピア』講義』を著したチャンドラセカールは、ラマンの甥（おい）に当たる）。

アインシュタインの光量子仮説は光電効果という、一九世紀に知られていた実験事実に触発されて導き出されたわけであるが、その後、この理論の正しさをさらに裏づける実験がアメリカのコンプトンとインドのラマンによってなされた。

さきにコンプトンの紹介をしておくと、一九二三年、彼は波長が特定された単色X線をさまざまな物質に当ててみたところ、散乱されたX線の波長が初めの値に比べ長くなることに気がついた。このとき、波長の伸び方は散乱角（入射X線と散乱X線の方向がなす角度）にのみ依存し、X線を当てる物質が何であるかには依らないことが示された。

ということは、X線の散乱にともなって波長変化を引き起こす要因は、実験に用いた物質すべてに共通する何かであろうと推測される。コンプトンが注目した、その共通する何かとは電子である。

コンプトンはX線（振動数ν）を電磁波としてではなくエネルギー$h\nu$、運動量$h\nu/c$をもつ粒

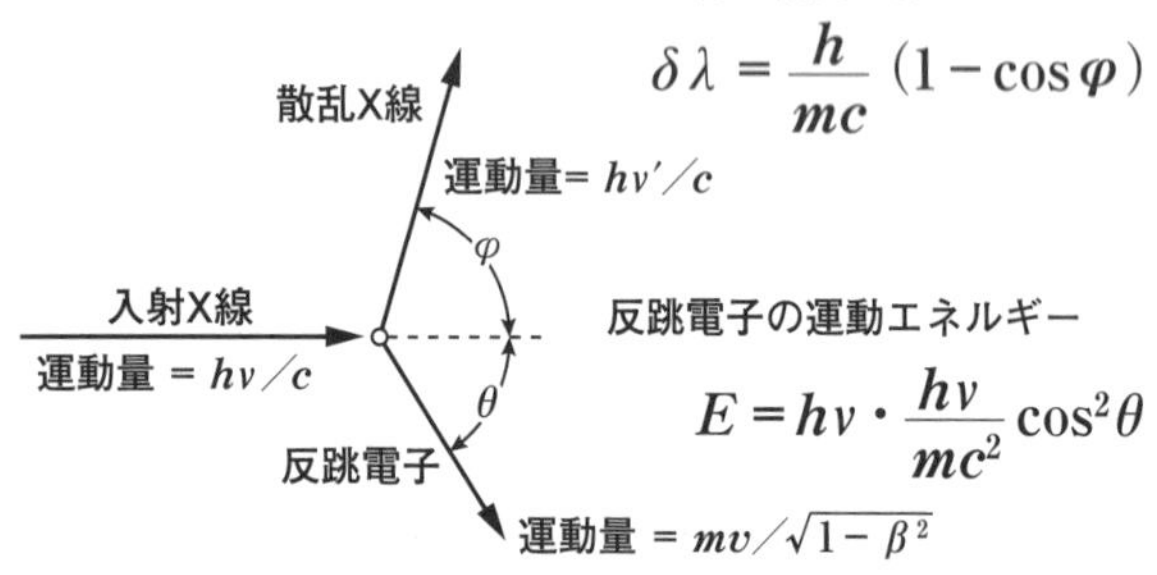

図5−7　X線の光子と電子（中央の白丸）の玉突き衝突
反跳電子の運動量には相対性理論の補正が考慮されている(1927年のコンプトンのノーベル賞講演より。『ノーベル賞講演　物理学4』講談社)。

子（光子）とみなし、それが物質内の電子と玉突き衝突を起こすと仮定して計算すると、X線の波長の伸びが実験結果と一致することを発見した。

光子とみなした入射X線が電子とぶつかると、エネルギーと運動量の一部を電子に渡すことになる。渡す量は光子が散乱される角度φに依存する。その結果、エネルギーと運動量が減少したぶん、散乱X線の波長λは長くなり、その変化はφの関数となる(図5−7)。また、光子との衝突により反跳を受け電子は運動エネルギーを得るが、イギリスのC・T・R・ウィルソンとドイツのボーテが独立にその測定に成功している。こうしたX線と電子の相互作用をコンプトン効果という。

アインシュタインは一九〇五年、光量子仮説の論文で、局所的、瞬間的に起きる現象では、光は空間的、時間的に広がりをもつ波ではなく、局在化されたエネルギー量子として振る舞うと述べ、粒子と波の二重性を提唱していた（第2章「光量子仮説の提唱」参照）。コンプトン効果は、アインシュタインが描いた光子のイメージにまたひとつ、わかりやすい事例をつけ加えることになった。

さて、コンプトン効果はエネルギーが高いX線の粒子性を示す現象であったが、これを可視光に置き換えたものがラマン効果である。

一九二八年、ラマンはさまざまな物質に振動数が一定の単色光を当てたところ、コンプトン効果と同様、散乱光の中に振動数が入射光のそれと異なるスペクトルを示すものが存在することに気がついた。それは可視光が波ではなくやはり粒子性を強く前面に出し、物質との間にエネルギー量子をやり取りしている特徴を示すものであった。

ただし、コンプトン効果と異なり、可視光の場合、光子がエネルギーを交換する相手は電子ではなく分子になる。もう少し詳しくいうと、分子の内部運動に起因する量子化されたエネルギーである。分子は振動したり、回転したりと活発な動きをしている。そこで光子に衝突され、エネルギーのやり取りが行われると、分子の振動や回転がそのぶん激しくなったり、逆に穏やかになったりする。それに応じて、前者の場合は散乱光の振動数が低くなり、後者では高くなる。これをラマン効果と呼ぶ。

その際、いま述べたように、分子の振動、回転のエネルギーは不連続に変化する量子であるの

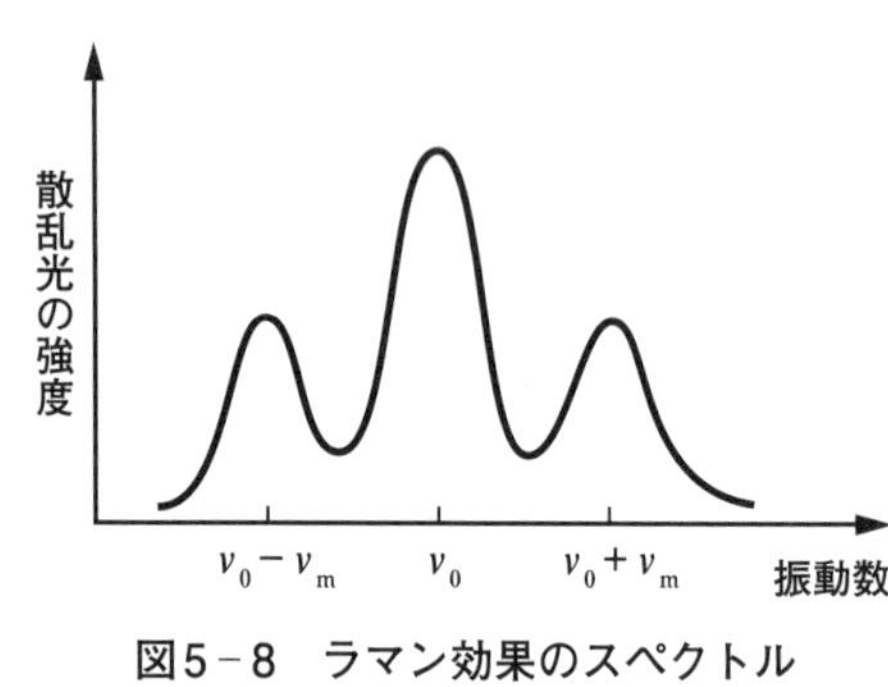

図5－8　ラマン効果のスペクトル

で、散乱光のスペクトルはそれを反映し、入射光のスペクトル線の両側にピークが現れる。入射光の振動数をν_0、光子と分子の間で受け渡しされるエネルギー量子を$h\nu_m$とすると、ラマン効果のスペクトルは模式的に図5－8のように表される。

こうした測定から、ラマン効果の研究は分子のエネルギー状態を調べる有効な手段として発展していくのである。

ブラウン運動の理論によってアインシュタインは、原子、分子の実在性を証明する手立てを提示した。そして、今度は光量子仮説を通し、ラマンによって分子の内部状態に光を当てる手法が確立されたわけである。

アインシュタインとレーザー

さて、光量子仮説と原子、分子をキーワードにして、アインシュタインが後世に与えた影響の大きさを考えてみるとき、一九一七年に発表された論文「放射の量子論」を忘れることはできない。この中で提唱された誘導放射の理論こそが、現在、一大テクノロジーに発展したレーザー工学の萌芽となったからである。

実際、一九五八年、レーザーの基本原理を考案し、一九六四年にノーベル物理学賞を贈られたアメリカのタウンズは、その受賞講演でこう語っている（『ノーベル賞講演　物理学10』講談社）。

１９１７年にすでにアインシュタインは、熱力学の法則に従いながら、量子力学的な力学系と電磁波とのあいだの相互作用を詳しく検討しました。その結果、原子や分子を使って電磁波を増幅する可能性を暗示するような結論に達していました。

レーザーは「放射の誘導放出による光の増幅」（Light Amplification by Stimulated Emission of Radiation）の頭文字を取った造語であるが、タウンズの言葉にあるとおり、アインシュタインは熱力学の法則に抵触することなく、原子、分子との相互作用を通して、光を増幅させる（光子で表現すれば、その個数を人為的に増加させる）ヒントを、誘導放射の理論によって示したのである。その概略は以下のようになる。

原子、分子のエネルギー準位は再三述べているように、量子化されているため、不連続な値を取る。そのうち、もっとも低い準位を基底状態、それより上の離散的に変化する準位を励起状態と呼ぶ（例として、構造が一番簡単な水素原子の場合を図５－９に示す。エネルギーが高くなる

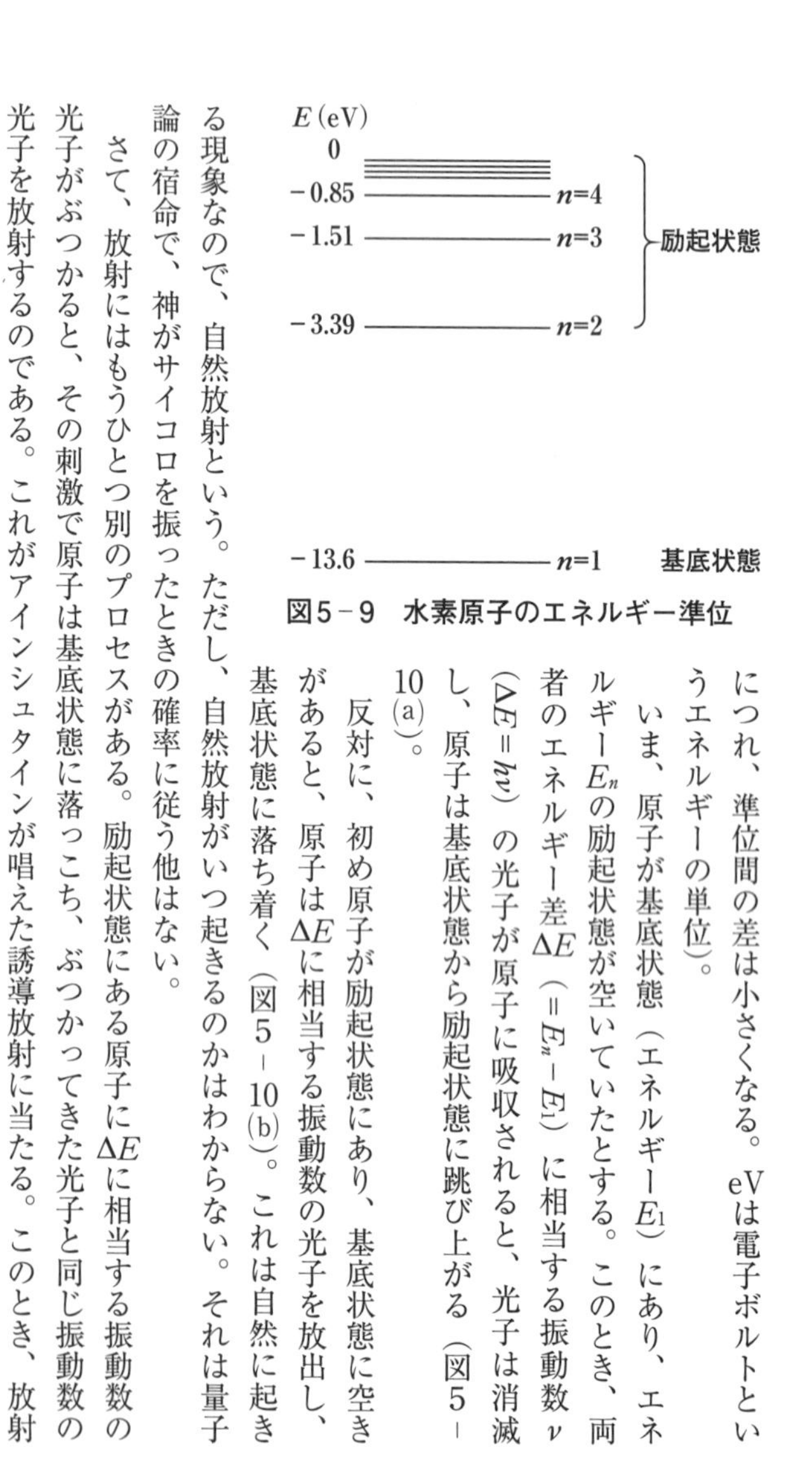

図5－9　水素原子のエネルギー準位

につれ、準位間の差は小さくなる。eVは電子ボルトというエネルギーの単位）。

いま、原子が基底状態（エネルギーE_1）にあり、エネルギーE_nの励起状態が空いていたとする。このとき、両者のエネルギー差ΔE（$=E_n-E_1$）に相当する振動数ν（$\Delta E=h\nu$）の光子が原子に吸収されると、光子は消滅し、原子は基底状態から励起状態に跳び上がる（図5－10(a)）。

反対に、初め原子が励起状態にあり、基底状態に空きがあると、原子はΔEに相当する振動数の光子を放出し、基底状態に落ち着く（図5－10(b)）。これは自然に起きる現象なので、自然放射という。ただし、自然放射がいつ起きるのかはわからない。それは量子論の宿命で、神がサイコロを振ったときの確率に従う他はない。

さて、放射にはもうひとつ別のプロセスがある。励起状態にある原子にΔEに相当する振動数の光子がぶつかると、その刺激で原子は基底状態に落っこち、ぶつかってきた光子と同じ振動数の光子を放射するのである。これがアインシュタインが唱えた誘導放射に当たる。このとき、放射

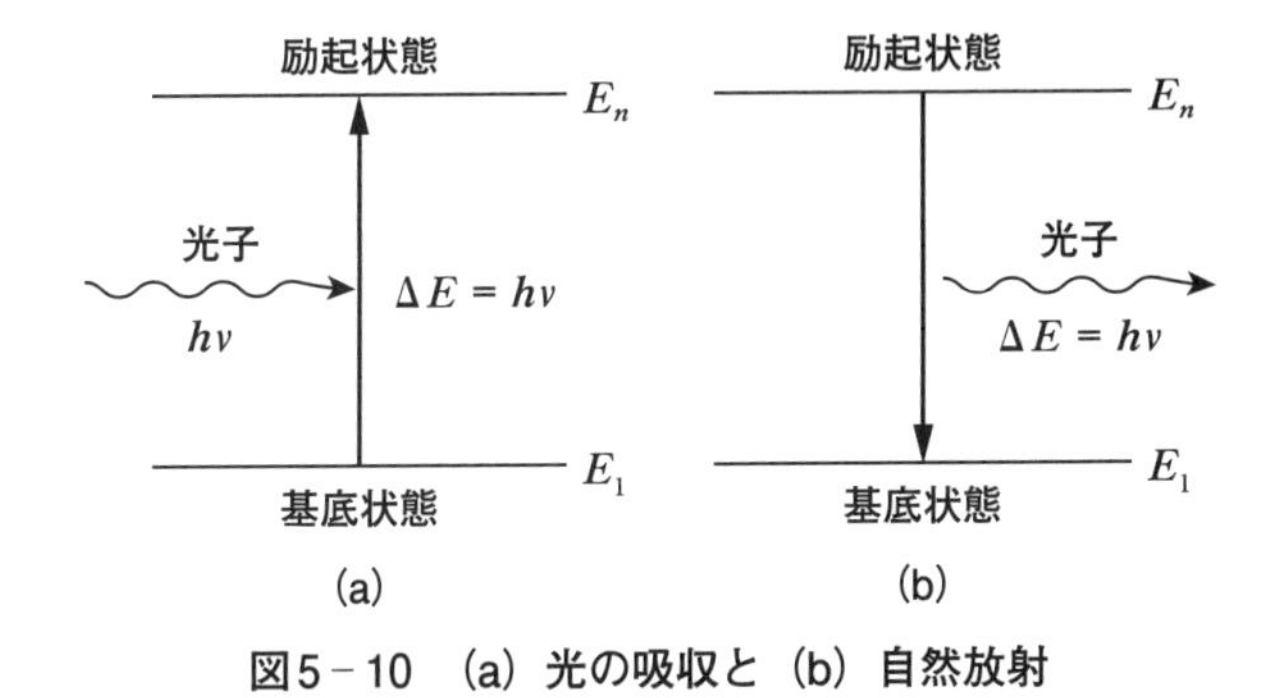

図５－10　(a) 光の吸収と (b) 自然放射

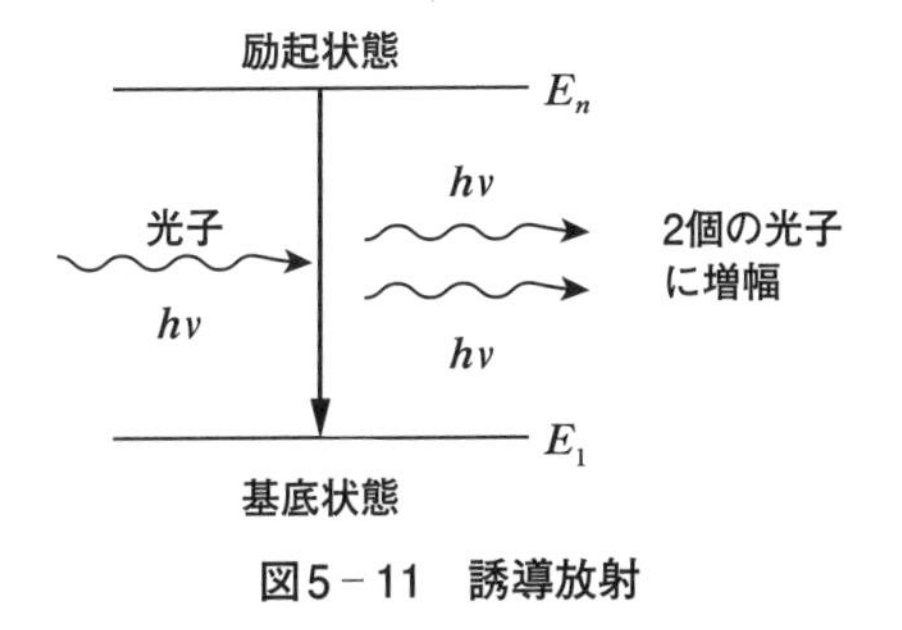

図５－11　誘導放射

を誘発した光子は原子に吸収されるわけではないので、結局、初め一個であった光子が二個に増幅されて、原子から飛び出してくることになる（図5－11）。

アインシュタインはこの現象を論じる際、原子と光子から成る系は熱平衡状態にあるとみなした。放出される光子と吸収される光子の数が等しく保たれていると仮定したのである（プランクも熱放射の理論において、同様に熱平衡を仮定している）。

なお、ある温度のもとで熱平衡にある系を考えると、一般に高いエネルギー準位にある原子の方が低いそれよりも数が少なく、その分布の仕方は古典的物理学の統計で表される。

そこで、アインシュタインは原子がこうしたエネルギー分布を取る状態の中で、光子の放射（自然放射と誘導放射の両方）と吸収の均衡がとれていれば、そこから、プランクの放射公式が素直に導き出されることを示したのである。つまり、原子のエネルギーが量子化されているという条件のもと、誘導放射が起こると考えると、プランクの公式がそのまま成り立つというわけである。また、そのとき、放射、吸収される光子には運動量が伴われることが指摘され、それがドゥ・ブローイの電子波の着想につながったのである。

アインシュタインが語ったのはここまでであるが、励起状態に保った原子の数をなんらかの方法でふやし、誘導放射を効率よく進行させる適当な操作を施せば、光子の数は連鎖反応的に雪崩（なだれ）を打って増幅される。このとき、増幅された光子は単色（波長、振動数が一定）で、位相がそろっているため、干渉性にすぐれている。また、指向性（直進性）が高いので、普通の光のように、ぼやーっと広がることがなく、エネルギー密度も大きいという長所がある。これが人工の光、レーザーである（第3章「重力波の検出計画」参照）。

タウンズは（他にソ連のバソフとプロホロフが独立に）、エネルギーの高い準位にある原子、分子の分布をふやし、誘導放射を効率よく進行させる方法の基本原理を考案したわけである。その後、実際に装置を組み立て、一九六〇年、初めてレーザーの発光に成功したのは、アメリカのメイマンになる。

今日、レーザーは通信、情報の記録と再生、医療、切断と加工、ホログラフィ（立体画像）、測量（重力波の検出に用いる干渉計もここに含まれる）、分光技術、気体の冷却など、実に多彩な分野で応用されている。その様子はここ半世紀のノーベル物理学賞にも反映されている（表5－1）。これらはいずれも、アインシュタインの誘導放射の理論をルーツとして実を結んだものである。

そしてボース－アインシュタイン凝縮が夢物語に終わらず現実のものとなったのも、レーザー技術の進歩がもたらした成果のひとつであった。

表5－1　レーザー関連のノーベル物理学賞

1964年	C. H. タウンズ N. G. バソフ A. M. プロホロフ	メーザーとレーザーの発見
1966年	A. カストレル	原子内の電波共鳴の光学的方法の発見と開発
1971年	D. ガボール	ホログラフィーの発明
1981年	N. ブルームバーゲン A. L. ショーロー	レーザー分光学の研究
1989年	N. F. ラムゼー	ラムゼー共鳴法の開発およびその水素メーザーや原子時計への応用
	H. G. デーメルト W. パウル	イオントラップ法の開発
1997年	S. チュー C. コーエン=タヌジ W. D. フィリップス	レーザーによる原子の冷却・捕捉技術の開発
2001年	E. A. コーネル W. ケターレ C. E. ウィーマン	アルカリ気体のボース-アインシュタイン凝縮の成功とその基本的性質の研究
2005年	R. J. グラウバー	レーザー光の量子理論の構築
	J. L. ホール T. W. ヘンシュ	レーザー光による精密分光技術の開発
2012年	D. J. ワインランド S. アロシュ	量子システムの計測と操作を可能にした実験手法の開発

（小山慶太『ノーベル賞でたどる物理の歴史』丸善出版より）

レーザーによる冷却技術

ボース－アインシュタイン凝縮を実現するには、原子、分子の系を一〇〇万分の一Kという想像を絶する極低温まで冷却する必要があることをさきほど述べたが、そこにはさらにもうひとつ厳しい条件がつけ加わる。

一般的な方法で気体の温度を下げると液体となり、やがては固体になってしまう。ところが、ボース－アインシュタイン凝縮を起こさせるためには、こうした相転移が生じることは阻まねばならない。気体を気体のままの状態で極低温までもっていき、原子、分子間の引力ではなく、量子効果による〝凝縮〟という新しいタイプの相転移を実現しなければならないからである。ここに、この実験の難しさがある。

そこで、熱い視線を浴びたのがレーザーである。レーザーの光子を四方八方から気体原子に当て、原子を狭い領域に囲い込んで、その動きを封じ込めようというアイデアである（これをレーザーによる原子の捕捉、冷却という）。原子に圧力を作用させ、その運動を鎮静化するわけである。

実は一九世紀後半すでに、マクスウェルの電磁気理論から、光（電磁波）は物体に当たると圧力を及ぼすことが知られていた。ただし、その効果はきわめて微弱であるため、理論の検証はな

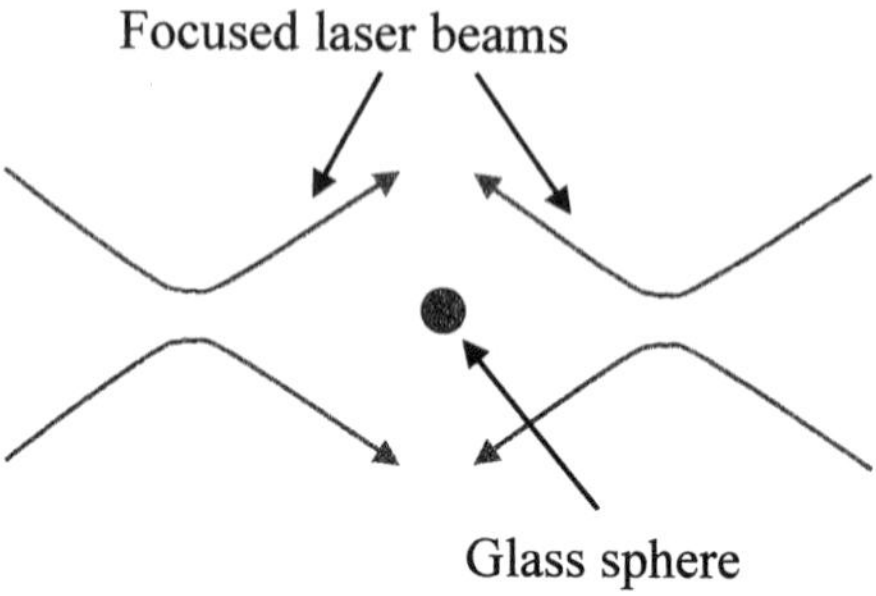

Focused laser beams

Glass sphere

図5－12　レーザーによる粒子の捕捉の模式図（1997年のチューのノーベル賞講演より。*"Nobel Lectures Physics 1996-2000"*, World Scientific）

かなか難しかった（本章末のコラム5－2）。それにそもそも、波動論の立場で圧力を捉えるのは、イメージしにくいといえる。圧力というのは粒子が物体にぶつかる際の作用と考える方が、わかりやすいからである。

そこで、光の粒子性に注目し、運動量をもつ光子の集団の衝突が光の圧力であるとみなすと、おさまりがよい。さらにレーザーは単色性、指向性、エネルギー密度にすぐれていることから、光子が及ぼす圧力の顕著な効果が期待できるわけである。

一九七〇年代にはアメリカのアシュキンがマイクロメーター（μm＝10^{-6}m）サイズのガラス球に左側と右側からレーザーを当て、空間に閉じ込める実験に成功している（図5－12）。自然光ではとうてい得られないレーザーの威力を示す、格好のデモンストレーションとなった。

アメリカのチューは一九八五年、この原理を応用し、レーザーの照射と磁場の作用を組み合わせて、気体原子の捕捉（MOT、Magnetic-Optical Trap の略）を試み、ナトリウム原子を一万分の一Kのオーダーまで冷却できることを示した。さらに、アメリカのフィリップスはチューの方法を改良し、冷却温度をさらに一〇万分の一Kのオーダーまで下げてみせた。

ところで、レーザーの挟み撃ちを受けると原子はおとなしくなり、空間に閉じ込められるが、光子を吸収するので励起状態に叩き上げられる。その結果、しばらくすると原子は自然放射を起こして光子を放出するため、その反跳でランダムな運動を始める。この現象を抑えれば、温度はさらに下げられる。一九九〇年、フランスのコーエン＝タヌジはこうした反跳運動の影響を小さくする方法を開発、セシウム原子を用いて数十万分の一Kという極低温をつくり出している。

ボース－アインシュタイン凝縮の実現は、いよいよ射程に入ってきたのである。

原子たちの斉唱

射程に入った量子効果の凝縮がついに達成されるのは、一九九五年のことになる。アメリカのコーネルとウィーマンがルビジウム原子で、また、ドイツのケターレがナトリウム原子を用いて、あり得へんと思われた相転移を起こさせたのである。

実験の原理は図5－13に示したとおりである。真空中に封入した気体原子に――原子が存在するのに真空と表現するのは厳密には矛盾であろうが、凝縮させる原子の数はアヴォガドロ定数に比べると事実上0に近いので、こう書いてもよかろう――、上下、左右、手前と向こう側から六本のレーザーを当て、コイル（図の左右のリング）で発生させた磁場を作用させ、中央の一点に原子を押し込めるのである。

彼らはこうして押し込めた原子の中からさらに相対的にエネルギーの高いものを〝蒸発〟させて取り除く手法を開発、七〇年前にアインシュタインが課した宿題を解いたのである。

図5－14はそのプロセスを二次元空間の中で示したものである。左はボース－アインシュタイン凝縮を起こす直前の状態、中央が凝縮が現れた状態、そして右がさらに蒸発冷却を施した後、完全に凝縮した状態である（原子の数は約七〇万個、相転移の臨界温度は一〇〇万分の二K）。

こうして造り出された巨大な〝お化け原子〟をレーザーで二つに分割し、それを再び結合させると、位相がそろった二つの波の干渉パターンが現れる。これはアインシュタインの理論を視覚的に捉える直接の証拠となったのである。

二〇〇一年、コーネルら三人がノーベル物理学賞を贈られた授賞式で、授賞の挨拶を述べたスヴァンベルク（スウェーデン王立科学アカデミー会員）は、彼らの業績を次のようにわかりやすく紹介している。

「アインシュタインは気体を極低温まで冷却すれば、すべての原子は最低エネルギー状態に集中すると予測しました。個々の原子に付随する波が重なり合い、ひとつの波が形成されるというの

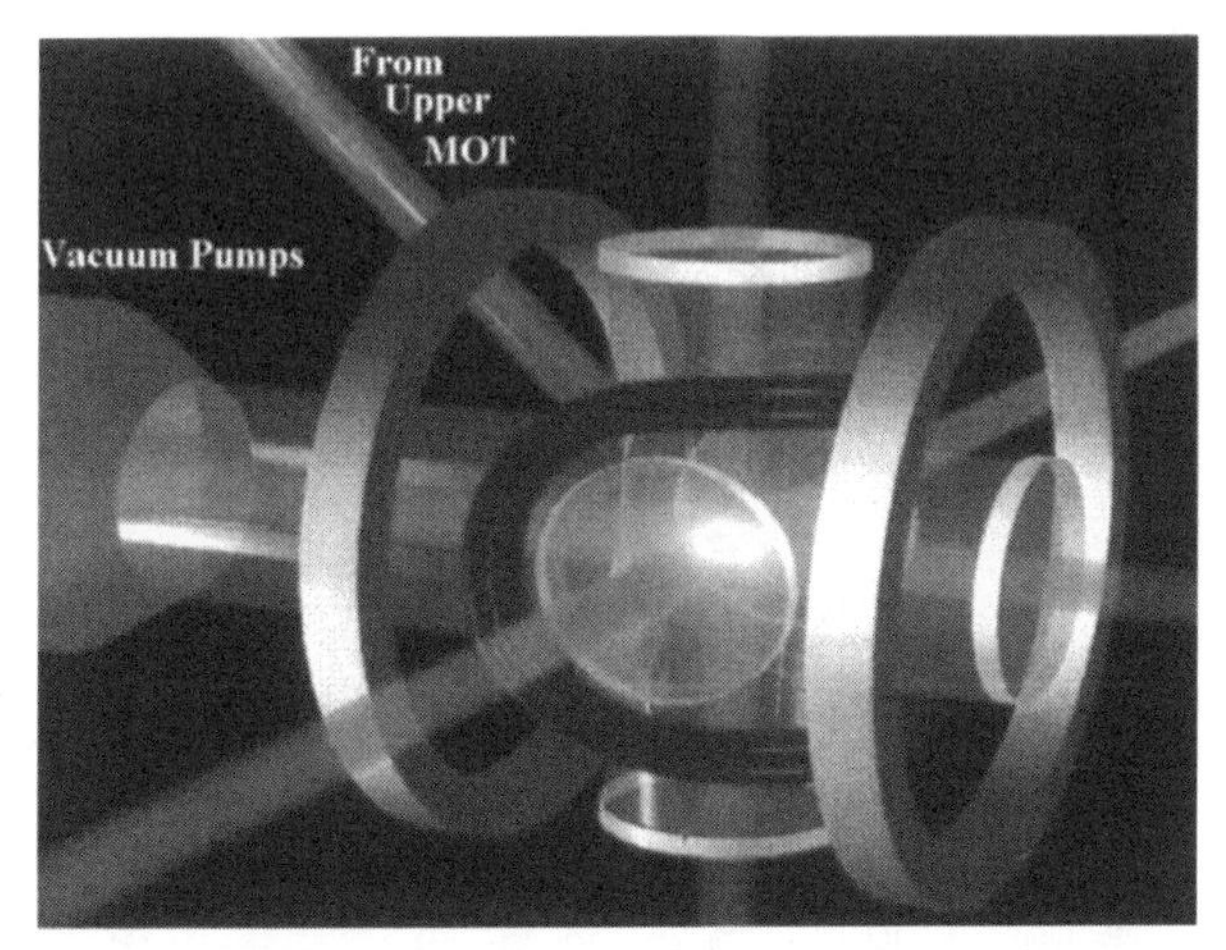

図5－13　磁気とレーザーを併用した気体の冷却の原理（2001年のコーネルとウィーマンのノーベル賞講演より。“*Nobel Lectures Physics 2001–2005*”, World Scientific）

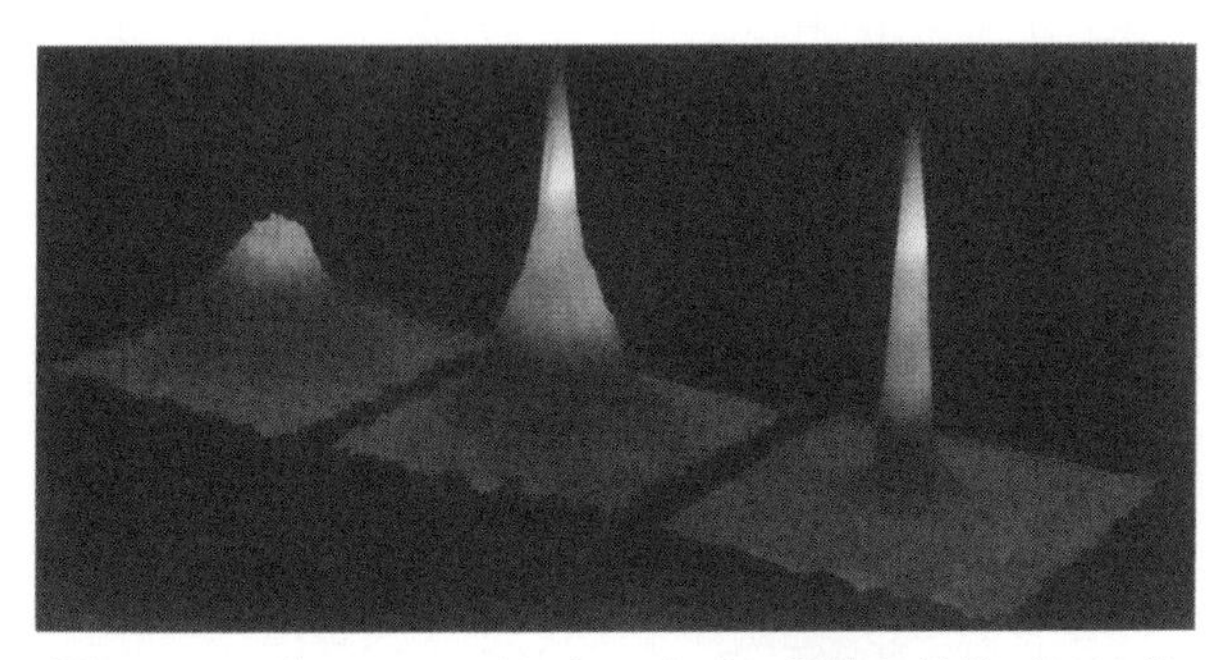

図5－14　ボース－アインシュタイン凝縮の前後（2001年のケターレのノーベル賞講演より。前掲書）

です。原子たちがコーラスをし、〝斉唱〟しているといい表せるでしょう。このように、何千個もの原子が一個の巨大なスーパーアトムとして振る舞う現象、これがボース－アインシュタイン凝縮なのです」

相対性理論と量子力学の融合

スーパーアトムも不思議であるが、一九三二年に発見された陽電子と一九五五年に生成された反陽子も、それまではあり得へんかった不思議な粒子である。正電荷をもつ電子、負電荷をもつ陽子など、誰も夢想だにしなかったからである。そして、これもまた、アインシュタインの理論と深いかかわりをもっていた。

ドゥ・ブローイが電子（一般には粒子）の波動性を提唱した後、一九二六年、オーストリアのシュレディンガーはこの波の振る舞いを記述する波動方程式を導き出した。これが量子力学の基本方程式である（図5－9で示した水素原子のエネルギー準位は、シュレディンガー方程式から求められる）。

ただし、電子の速度が遅い場合にはこれで十分なのだが、その値が光速に近くなると、特殊相対性理論の効果を考慮する必要が出てくる（実際、原子に束縛された電子の運動などがそうしたケースに該当するので、エネルギー準位には微調整を施した構造が現れてくる）。そこで、シュレディンガー方程式に特殊相対性理論を取り入れた新しい方程式が望まれたわけである。

ところが、これが大変な難問であった。シュレディンガー自身はもとより、ドゥ・ブローイ、オーストリアのパウリ、スウェーデンのクライン、ドイツのゴルドンなどの大物たちが挑んだが誰一人、成功しなかった。代わって、一九二八年、この難問をみごとに解決し、相対論的波動方程式を導き出したのが、当時まだ二六歳の若い物理学徒であったイギリスのディラックである。

ディラックは時間に関して、一階の微分であるというシュレディンガー方程式の形を保ったまま、時間の微分に対応するエネルギーが二次になってしまう特殊相対性理論を矛盾なく組み込める新しい波動方程式（ディラック方程式）を提唱したのである（本章末のコラム5－3）。

方程式を時間について一階の微分に収めてみせたのは、それだけに関していえば数学上の巧みなテクニックといえなくもないが、コラムにあるように、電子のスピンがディラック方程式の帰結として自然に現れた点に注目すると、それは物理学的実体を記述している証左といえる。

ディラックはその二年後の一九三〇年、ディラック方程式から「空孔理論」と呼ばれる、さらに驚くべき奇怪な予測を提示した。

相対性理論によると粒子のエネルギーはコラムの式(1)で与えられるので、そのまま単純に計算すると、その解として正だけでなく負の値のエネルギーも出てきてしまう。つまり、ディラック方程式に忠実であろうとすると、負のエネルギーをもつ電子の存在を容認しなければならないこ

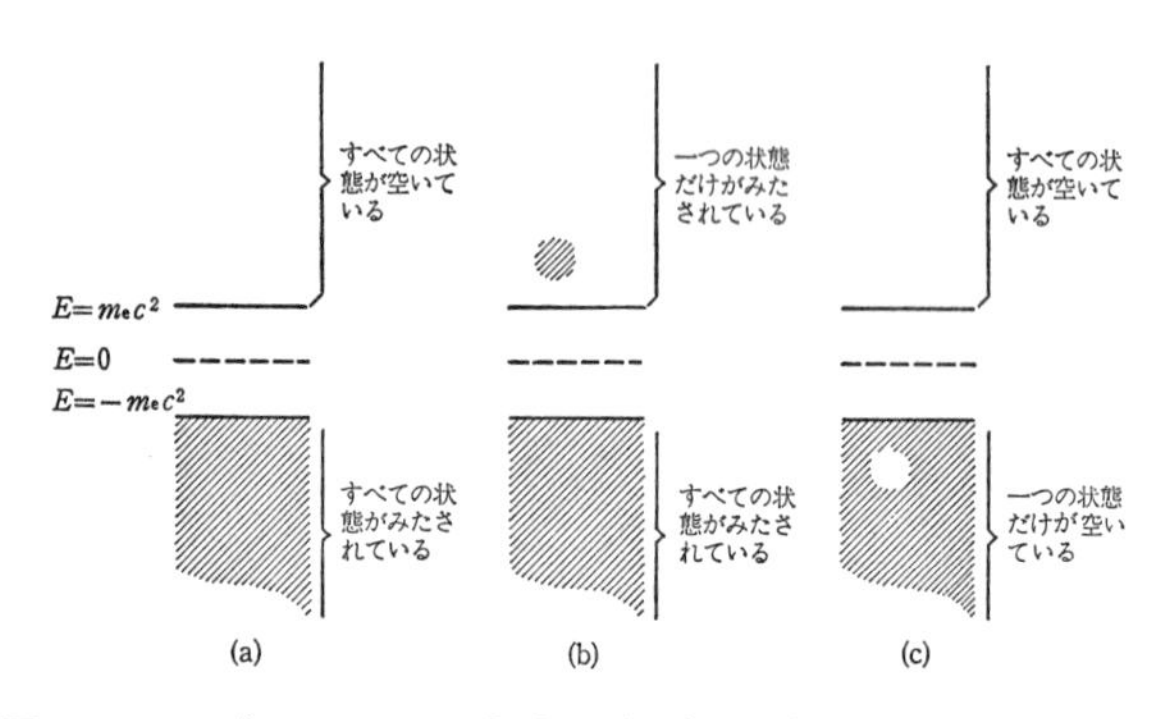

図5－15　ディラックの空孔理論（1959年のチェンバレンのノーベル賞講演より。『ノーベル賞講演　物理学9』講談社）

とになる。

しかし、そんな変な電子は検出されたことがないし、そもそも、式(1)の平方根を取ればわかるように、負エネルギーを認めると、運動量 p の増加とともにエネルギー E が減少するという奇妙な振る舞いが現れてしまう。

こういう場合、普通であれば、それは数学の解としては得られても物理学的には意味がないとして、捨てられてしまうはずである。しかし、ディラックはそれを捨てなかった。そして、次のような解釈を施したのである（図5－15）。

観測される〝普通〟の電子は静止しているときが一番エネルギーが低く、その値は m_ec^2 で与えられる（m_e は電子の静止質量）。速度を得るにつれ、コラムの式(1)に従って、電子はエネルギーを増加させていく。

一方、負のエネルギー状態は $-m_ec^2$ を一番高い値としてマイナス無限大まで伸びており、真空にはこのような負エネルギーを占める電子がぎっしり詰め込まれていると、ディラックは仮定したのである（図の(a)）。この仮定にもとづくと、一個の電子が正のエネルギーをもって存在する状態が図の(b)で表される。

このとき、確かに電子の存在は確認できるが、負エネルギー状態の存在はどうすれば実証できるのであろうか。そこで、ディラックはこう考えた。

真空中をガンマ線（エネルギーの高い電磁波）が走ると、それが光子となって負エネルギーを占める電子のひとつに衝突する。すると電子は光子のエネルギーをもらい、正負のエネルギー・ギャップ $2m_ec^2$ を跳び越え、正エネルギー領域に励起される。そうなれば、これは普通の電子として観測される（光電効果と類似の現象を想定すればよい。なお、ガンマ線のエネルギーは $2m_ec^2$ よりも大きい）。

ここで、電子が正エネルギーに跳び上がった結果、負エネルギーには〝空孔〟が一個生じる（図の(c)）。原子に束縛されていた電子が外にはじき出されると、原子が正電荷をもつように、真空から生まれた電子の空孔は正電荷をもつ電子（陽電子）として、図の(b)の電子とペアになって観測されるというわけである。

空孔理論の正しさは一九三二年、アメリカのアンダーソンが宇宙線の観測中に陽電子を発見したことで実証された。また、負電荷をもつ陽子（反陽子）も一九五五年、アメリカのセグレとチエンバレンにより、ベバトロンと呼ばれる加速器を用いた陽子どうしの衝突実験でつくり出されている。

このように、電荷の符号が反対である以外あらゆる性質が同じ粒子を反粒子と呼ぶ（中性子は電荷はないが、磁気モーメントの符号が反対のものが反中性子になる）。そして、すべての素粒子には、それに対応する反粒子が存在することが今日、知られている（光子の反粒子はそれ自身になる）。こうして、素粒子の世界はいっきに拡大したのである。

それを理論的に予言したのはディラックであるが、その下地になったのはアインシュタインの特殊相対性理論であった。

さて、陽電子と反陽子を組み合わせれば反水素原子がつくられる。二〇一一年、ＣＥＲＮ（ヨーロッパ合同原子核研究機構）は六〇〇個の反水素原子を合成し、それを真空中で約一六分間、閉じ込めるという実験に成功している（反粒子と粒子が遭遇すると両者は消滅し、$E=mc^2$に従うエネルギーの電磁波になってしまうので、反原子を長時間孤立させておくことは非常に難しい）。

反原子を多量に安定した状態でつくり出せるようになれば、素粒子の「対称性」に関する研究がさらに進むものと期待されている。ここでも、アインシュタインの業績は重要な役割を果たしているのである。

Kosmologische Betrachtungen zur allgemeinen Relativitätstheorie.

Von A. Einstein.

Es ist wohlbekannt, daß die Poissonsche Differentialgleichung

$$\Delta\phi = 4\pi K\rho \qquad (1)$$

in Verbindung mit der Bewegungsgleichung des materiellen Punktes die Newtonsche Fernwirkungstheorie noch nicht vollständig ersetzt. Es muß noch die Bedingung hinzutreten, daß im räumlich Unendlichen das Potential ϕ einem festen Grenzwerte zustrebt. Analog verhält es sich bei der Gravitationstheorie der allgemeinen Relativität; auch hier müssen zu den Differentialgleichungen Grenzbedingungen hinzutreten für das räumlich Unendliche, falls man die Welt wirklich als räumlich unendlich ausgedehnt anzusehen hat.

図5－16　アインシュタインの宇宙論に関する論文（1917年）

一般相対性理論と宇宙定数

一九一五年、アインシュタインは重力場の方程式を導き出したことはすでに述べた（第3章「第二の奇跡の年──一九一五年」参照）。その二年後、アインシュタインはこの方程式を宇宙全体に適用した論文「一般相対性理論についての宇宙論的考察」を発表している（図5－16、『C.P.』vol.6）。

それにしても、基本方程式ひとつで宇宙全体を論ずるなどという大それた芸当ができるのかと思われるかもしれないが、それができるのである。ここに、どんな対象──いまの場合は宇宙──でも、一定の条件がそろいさえすればモデル化できるという物理学の強みがある。ニュートンが『プリンキピア』で計算した地球の形状や、ケルヴィンが熱伝導方程式を使って求めた地球の年齢（第4章「地球の年齢と熱伝導方程式」参照）などもそれに当たる。

で、アインシュタインはどういうモデルをつくったのかというと、宇宙は大局的に眺めれば、物質の分布は一様で等方的であると仮定した。つまり、どこでどの方向を観測しても、宇宙は同じように見えるはずというわけである。

このようにした上で、アインシュタインは宇宙は静的であり、有限で閉じた空間であると想定した。ただし、有限で閉じたとはいっても、どこかに宇宙の端があり、そこで行き止まりになるというわけではない（もしそうなると、その外側には何があるのかという果てしのない議論が始まる）。宇宙には中心も端も特別な場所はないからである（これが相対性理論の根底にある思想になる）。したがって、境界条件は必要とされないことになる。分布する物質によって時空が歪み、この歪みに沿ってどこまでも進むと、やがて元の場所に戻ってきてしまうというのが、有限で閉じた空間という意味である。

ところが、以上の仮定のもと、宇宙を静的で安定に保とうとすると、重力（引力）と相殺する反発力の働きが必要になると考えたアインシュタインは、重力場の方程式にそれを与える新しい項を勝手に付け加えてしまった。勝手にと書いたのは、物理学的な根拠も示されることなく、ともかく重力とのバランスを取るために、正体不明の項を強引に導入したからである。これが有名

Das Gleichungssystem (14) erlaubt jedoch eine naheliegende, mit dem Relativitätspostulat vereinbare Erweiterung, welche der durch Gleichung (2) gegebenen Erweiterung der Poissonschen Gleichung vollkommen analog ist. Wir können nämlich auf der linken Seite der Feldgleichung (13) den mit einer vorläufig unbekannten universellen Konstante −λ multiplizierten Fundamentaltensor $g_{\mu\nu}$ hinzufügen, ohne daß dadurch die allgemeine Kovarianz zerstört wird; wir setzen an die Stelle der Feldgleichung (13)

$$G_{\mu\nu} - \lambda g_{\mu\nu} = -\varkappa \left(T^{s}_{\mu\nu} - \frac{1}{2} g_{\mu\nu} T \right). \qquad (13a)$$

図5－17　宇宙定数を付け加えた重力場の方程式

な宇宙定数である（図5－17、『C.P.』vol. 6）。

図の式の左辺にある第二項がそれで、これを取ると本来の重力場の方程式になる（図3－17参照。なお、アインシュタインの論文にあるオリジナルの式は今日よく使われる表記と異なるところがあるが、内容は同じである）。式の上の文章（下線箇所）には、「式⒀（その前に表記された重力場の方程式。引用者注）の左辺に、暫定的に置いた未知の普遍定数$-\lambda$をテンソル$g_{\mu\nu}$に乗じた項を付け加える」という記述が見られる。暫定的、未知とわざわざ断っているところに、宇宙をなんとしても静的で安定した状態に保ちたいというアインシュタインの強い信念が感じられる。

ところが、やがて、アインシュタインの信念は崩れざるを得なくなる。一九二九年、アメリカのハッブルが宇宙の膨張を示唆する観測結果を発表したからである。

ハッブルは遠方の銀河から届く光の赤方偏移（ドップラー効果により、光のスペクトルが長波長、つまり赤い方へとシフトする現象。これによって光源の運動状態を知ることができる）を測定したところ、地球からの距離に比例して、銀河の後退速度（地球から遠ざかる速度）が増加していることに気がついた（これをハッブルの法則という）。といっても、地球が宇宙の中心に位置しているという意味では、もちろんない。そうではなく、どこで眺めても、銀河は互いに遠ざかりつつあるのである。つまり、宇宙空間そのものが膨張しているというわけである。

宇宙はアインシュタインが望んだように静的ではなく、動的な存在であった。

一九三一年、アインシュタインはウィルソン山天文台（カリフォルニア州）を訪れた折、ハッブルから宇宙膨張の証拠となる銀河のスペクトル写真を見せてもらっている。アインシュタインはそこに、強いドップラー効果による赤方偏移を認めたのである。

物理学は実証を重んじる学問である。動かぬ事実を目の当たりにしては、さしもの天才も宇宙定数を放棄せざるを得なかった。かくして、一般相対性理論を宇宙全体に適用するという壮大な試みの中で生まれた宇宙定数は短命に終わった……かに見えた。

それから約七〇年を経た二〇世紀末、ドラマが起きる。宇宙定数は再び息を吹き返すのである。

アインシュタインの遺産と二一世紀物理学

一九九八年、アメリカとオーストラリアの超新星観測チームがそれぞれ、宇宙の膨張速度が加速しているという驚愕の報告を発表した（両チームのリーダーをつとめたパールマター、シュミット、リースの三人は、二〇一一年のノーベル物理学賞を受けている)。

一九六〇年代にビッグバン宇宙論が定着して以降、宇宙の膨張は常識となっていたが、物質どうしの引力(重力)により膨張にはブレーキがかかり、やがて減速に向かうであろうというのが、大方の見方であった。ところが、どうやら、そうではなかったのである。

観測はIa型と呼ばれる、ひときわ明るい超新星について行われた(Ia型はそれが属する銀河全体に匹敵するほどの輝きを示し、九〇億光年の遠方まで捉えられている)。この超新星は絶対光度が正確にわかっているので、基準光源として利用できる。つまり、見かけの光度(地球から見たその星の明るさ)と絶対光度を比較すれば、星までの距離が求まるわけである。

そこで、Ia型超新星から届く光の赤方偏移を測定し、後退速度を割り出したところ、宇宙の膨張は減速ではなく、約七〇億年前から加速していたというのである。

この観測結果は、物質どうしの引力を振り切り、空間を押し広げる未知の作用が働いていることを示唆していた。正体不明で見えないところから、それは暫定的に「暗黒エネルギー」という名前がつけられた。アインシュタインが一九一七年の論文に書いた「暫定的に置いた未知の普遍定数」という一文と重なってくる。こうしてアインシュタインが自ら撤回した宇宙定数は新たな装いのもと、復活の兆しをみせたのである。

一〇〇年前、アインシュタインが予測した重力波の検出は現在、観測に向けた準備が進められているが（第3章「重力波の検出計画」参照）、暗黒エネルギーの正体解明も二一世紀を通し、物理学の重要課題になることは間違いなかろう。

アインシュタインが亡くなってから、六〇年の歳月が流れた。それでも、天才は過去の人には収まっていない。彼が遺した業績は素粒子、物質、宇宙そしてテクノロジーの分野において、いまなお、物理学の発展を促し、強い影響力を放っているのである。

コラム５－１：懸濁粒子の平均変位

アインシュタインが1905年の論文で導き出した、粒子のx方向の平均変位は次の式で与えられる。

$$\lambda_x = \sqrt{t}\sqrt{\frac{RT}{N}\frac{1}{3\pi kP}}$$

ここで、tは観測時間、Tは懸濁液の温度、kは粘性係数、Pは粒子の半径である。また、Rは気体定数、Nはアヴォガドロ定数になる。

この式を逆に、Nについて表すと

$$N = \frac{t}{\lambda_x^2} \cdot \frac{RT}{3\pi kP}$$

となるので、右辺の各値を代入すれば、アヴォガドロ定数が決定できることになる。

コラム5－2：光の圧力

マクスウェルの理論に従うと、光が物体平面に対し垂直入射した場合、平面に及ぼす圧力P（dyn/cm^2）は、空間の単位体積に含まれる光のエネルギー（erg）に等しいので、入射光の強度をI、入射平面の反射率をϱ、光速をcとすれば、

$$P=\frac{I(1+\varrho)}{c}$$

で与えられる。そこで、右辺の各値を代入すれば圧力は計算できる。

これについて1903年、アメリカのニコルスとハルは①ねじり秤による測定と②光のエネルギーの測定の２つの実験を行い、マクスウェルの理論の正しさを定量的に証明している（"*The Pressure due to Radiation*", Physical Review 17, 1903)。①で用いたねじり秤とは、糸で水平に吊した棒に力を作用させたとき生じるねじれの角度（回転角）から、力の大きさを測る装置である。また、②では金属の円盤に光を照射し、その温度上昇を熱電対によって計測し、光のエネルギーを決定している。

光の圧力は理論的に予言はされても、その影響がきわめて微弱であるため、当時のマクロなレベルの実験では検証が難しいと考えられていたが、ニコルスとハルは高い精度で光の圧力の存在証明に成功したのである。

コラム５－３：ディラック方程式

特殊相対性理論によると、粒子のエネルギーEと運動量pの関係は、粒子の質量をm、光速をcとすると、

$$E^2=p^2c^2+m^2c^4 \qquad (1)$$

で与えられる。一方、シュレディンガー方程式は、エネルギーに対応する演算子が時間の１階微分$\frac{\partial}{\partial t}$になるという要請がある。したがって、式(1)をそのまま演算子に置き換えると、時間の２階微分$\frac{\partial^2}{\partial t^2}$が出てきてしまい、量子力学の条件がこわれてしまう。量子力学に相対性理論を組み込む最大の難関はこの点であった。

そこで、ディラックは新しい係数を導入し、時間の１階微分ではありながら、式(1)の条件を満たす次のような方程式を導き出した。

$$\left[\frac{E}{c}-\alpha_r p_r-\alpha_0 mc\right]\psi=0 \qquad (2)$$

ここで、α_0、α_r（$r=1, 2, 3$）が新しい係数、p_r（$r=1, 2, 3$）は運動量の空間成分で微分演算子$\frac{\partial}{\partial x}$、$\frac{\partial}{\partial y}$、$\frac{\partial}{\partial z}$に対応する。また、$\psi$は波動関数である。$E$は$\psi$に作用する１階微分の演算子$\frac{\partial}{\partial t}$に対応するが、$\alpha_0$と$\alpha_r$の相互の関係がある特別な条件を満たすと仮定すれば、式(1)がそのまま成り立つことが示された。

そして、αが電子のスピン（角運動量を表す新しい量子数）を与えることが証明されたのである。

おわりに

チャンドラセカールは『「プリンキピア」講義』の「エピローグ」を、一七世紀の詩人で劇作家のベン・ジョンソンを引用し、次のように締め括っている。

初版『シェイクスピア全集』の中で、ベン・ジョンソンはシェイクスピアについてこう述べた。「彼は一つの時代の人ではなく、あらゆる時代に通用する」。

同じことが、ニュートンについても言えるだろう。「彼は一つの時代の人ではなく、あらゆる時代に通用する！」

ここで筆者も、チャンドラセカールのように、ベン・ジョンソンの言葉を借りて、本書を閉じることにしたい。

アインシュタインは一つの時代の人ではなく、あらゆる時代に通用する!!

さくいん

N.D.C.402　294p　18cm

ブルーバックス　B-1930

光と重力　ニュートンとアインシュタインが考えたこと
一般相対性理論とは何か

2015年8月20日　第1刷発行

著者　小山慶太
発行者　鈴木　哲
発行所　株式会社講談社
〒112-8001 東京都文京区音羽2-12-21
電話　出版　03-5395-3524
販売　03-5395-4415
業務　03-5395-3615
印刷所　（本文印刷）豊国印刷株式会社
（カバー表紙印刷）信毎書籍印刷株式会社
製本所　株式会社国宝社

定価はカバーに表示してあります。

ISBN978-4-06-257930-8

発刊のことば

科学をあなたのポケットに

二十世紀最大の特色は、それが科学時代であるということです。科学は日に日に進歩を続け、止まるところを知りません。ひと昔前の夢物語もどんどん現実化しており、今やわれわれの生活のすべてが、科学によってゆり動かされているといっても過言ではないでしょう。

そのような背景を考えれば、学者や学生はもちろん、産業人も、セールスマンも、ジャーナリストも、家庭の主婦も、みんなが科学を知らなければ、時代の流れに逆らうことになるでしょう。

ブルーバックス発刊の意義と必然性はそこにあります。このシリーズは、読む人に科学的に物を考える習慣と、科学的に物を見る目を養っていただくことを最大の目標にしています。そのためには、単に原理や法則の解説に終始するのではなくて、政治や経済など、社会科学や人文科学にも関連させて、広い視野から問題を追究していきます。科学はむずかしいという先入観を改める表現と構成、それも類書にないブルーバックスの特色であると信じます。

一九六三年九月

野間省一